U0244181

马克思主义与中国现实问题丛书

SERIES OF MARXISM & CHINESE REALISTIC PROBLEMS

新闻出版总署社会主义核心价值体系建设"双百"出版工程重点出版物

丛书主编：程恩富

矛盾与出路：

网络时代的文化价值观

金民卿 王佳菲 梁孝 著

Contradictions and solutions:

Cultural values in the internet era

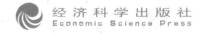

经济科学出版社

Economic Science Press

图书在版编目（CIP）数据

矛盾与出路：网络时代的文化价值观/金民卿　王佳菲

梁孝著 . —北京：经济科学出版社，2013. 1

（马克思主义与中国现实问题丛书）

ISBN 978 - 7 - 5141 - 2929 - 8

Ⅰ. ①矛…　　Ⅱ. ①金…②王…③梁…　　Ⅲ. ①计算机网络—文化—研究—

中国Ⅳ. ①TP393 - 05

中国版本图书馆 CIP 数据核字（2013）第 011567 号

责任编辑：范　莹

责任校对：刘欣欣

责任印制：李　鹏

矛盾与出路：网络时代的文化价值观

金民卿　王佳菲　梁　孝　著

经济科学出版社出版、发行　新华书店经销

社址：北京市海淀区阜成路甲 28 号　邮编：100142

编辑室电话：88191417　发行部电话：88191540

出版社网址：www. esp. com. cn

北京欣舒印务有限公司印刷

三佳装订厂装订

787 × 1092　16 开　13 印张　220000 字

2013 年 1 月第 1 版　2013 年 1 月第 1 次印刷

ISBN 978 - 7 - 5141 - 2929 - 8　定价：38. 00 元

总 序

程恩富

当今时代，世情、国情、党情正在发生深刻变化。在新的历史条件下，不断把中国特色社会主义事业推向前进，我们编写的《马克思主义与中国现实问题丛书》，正是科学把握时代发展变化，努力在思想上有新的解放，在实践上有新的突破，在理论上有新的发展。

历史经验表明，资本主义世界性金融危机和经济危机必然导致世界经济政治格局发生重大变化。由于西方国家金融危机和经济危机的肆虐，当前世界各国经济增速出现了普遍的放缓趋势，但是相对而言，美国等西方发达资本主义国家遭受的经济打击更为沉重，经济衰退也更为深重，新兴经济体崛起的势头却并未减弱，日益成为世界经济增长和国际格局演变的重要推动力量，南方国家作为一个整体以高于北方国家经济增速向前发展的态势也没有改变，其发展前景依然乐观可期。伴随世界经济地图的变化，世界政治力量版图也正在发生深刻变化。以美国为代表的西方发达资本主义国家的全球霸权统治已经处于前所未有的衰落之中，其未来的发展，或许正如"中美国"论创始人弗格森所言：像美国这样的帝国与所有复杂体系一样，在一段长度未知的时段里看似运行平稳，然后却在刹那间走向毁灭。可以预见，随着西方发达资本主义国家全球霸权统治的衰落和新兴经济体的群体性崛起，世界经济政治的分化、重组和重建进程将不断加快，世界格局和世界秩序"一超独霸"的时代已经一去不返，全球多极化的趋势难以逆转，不同利益主体之间的竞争将更加激烈，民族国家以及利益集团之间的博弈将更加复杂，世界历史由此将步入更加动荡多变的复杂时期。

不过，我们也应清醒地看到，南北差距虽然趋于缩小，但是差距依然十分巨大；西方国家的经济霸权尽管趋于衰落，但是科技优势依然十分明显。而且，为了占领未来经济发展的制高点，维护国际垄断资本的利益和遏制全球经济地位的下滑，制约新兴经济体的发展，西方主要国家采取了一系列产业促进和产业保护政策，不仅通过"再工业化"牢牢掌控汽车、机械、成套设备等重要行业的优势地位，还试图利用资金和技术优势，以低碳经济为利器，有战略、有步骤地拉抬自己的竞争能力，全面主导新的一轮全球经济转型。2009年2月17日，美国总统奥巴马签署了总额为7870亿美元的经济刺激法案，约有500亿美元投入绿色能源产业；欧盟2009年3月决定，在2013年之前投资1050亿欧元用于"绿色经济"的发展；日本为配合第四次经济刺激计划于2009年4月推出了新增长策略，发展方向为环保型汽车、电力汽车、太阳能发电等领域。目前，依照自己国情探索低碳发展道路已经成为世界各国的普遍选择，低碳发展模式也必将成为一个国家核心竞争力的重要体现。作为一个发展中的大国，由于发展阶段、技术基础和体制机制的限制，中国的低碳发展仍然任重而道远。今后一个时期，大规模、高速度的城镇化极有可能成为拉动中国经济高碳发展的关键因素。如果我们不能全面落实科学发展观，实现经济建设与生态文明建设的协调发展，我们必将失去未来的国际竞争力。

诚然，当今时代的国际竞争不仅是硬实力的竞争，更是包括文化在内的软实力的竞争。20世纪中后期以来，随着网络技术、电子信息技术的快速发展，人类的生活方式已经进入了一个崭新的时代，文化的生产、传播、接受与反馈等各个方面已经发生了翻天覆地的变化，网络化生存已经成为不争的事实。依托国际互联网技术、卫星传播技术和相关高科技传播手段，借助电脑网络、移动电话、电子书籍等技术载体，网络文化已经对世界各国的政治治理、社会管理、公共领域、主流文化、意识形态等各个方面产生了强烈影响。在网络文化的冲击之下，政治传播日益直接，社会管理日益透明，公共领域日益复杂，文化价值日益多元。权威数据显示，截止 2012 年 7 月，中国网民已有 5.38 亿之众，互联网普及率高达 40%，通过手机接入互联网的用户数量更是高达 3.88 亿，成为世界最大的移动互联网用户市场。不可否认，在表达民意诉求、推动国家各项改革发展方面，网络文化发挥了十分重要且不可替代的作用。但是，网络文化对于社会主义意识形态和核心价值观也构成了极大的冲击。实用主义、消费主义、享乐主义等网络文化观念，正在日益侵蚀、消解社会大众的政治追求、理想信念，冲淡了人们对社会主义核心价值体系的认同，减弱了社会主义意识形态的影响。因此，我们必须高度重视网络文化在社会管理、政治民主、热点事件处理等方面的积极作用，同时以社会主义核心价值体系引领网络文化的健康发展，促进中国特色社会主义文化的大发展大繁荣，不断提升中华民族的文化软实力。

毫无疑问，全面建成小康社会，实现中华民族伟大复兴，关键在于执政的中国共产党。世界历史经验反复表明，一个政党成功与否，归根到底取决于它能够在多大程度上代表民众的利益，能够在多大程度上满足民众日益增长的各种不同需求。一些老牌政党、长期执政的大党之所以失去执政地位并迅速分化瓦解，主要原因在于它们不能适应急剧变革的社会，不能进行自我革新和发展，不能更好地顺应民众的利益与期望。国际金融经济危机爆发以来，世界政党政治也处在深刻的变化之中。顺应时代潮流，适应新形势，解决新问题，努力代表更广泛民意，以谋求自身生存和发展，已经成为世界各国主要政党的普遍选择。目前，中国共产党的党员数量已经达到 8260 多万，党员的组成结构已经发生重大变化。新的历史条件下，我们必须提高党的建设的科学化水平，科学回应不同阶层和各类群体的多元利益诉求，有效应对西方国家的多党制民主的鼓噪喧嚣，统筹国内国际两个大局，吸取世界各类政党特别是一些大党老党兴衰成败的经验与教训，准确把握执政规律，努力提高党的凝聚力和战斗力，始终保持党和人民群众的密切联系，不断巩固党的执政地位、实现党的执政使命，不断完善中国特色社会主义的政治发展道路。

20世纪60年代初，毛泽东同志曾经指出：从现在起，五十年内外到一百年内外，是世界上社会制度彻底变化的伟大时代，是一个翻天覆地的时代，是过去任何一个历史时代都不能比拟的时代。在这样一个伟大的时代，我们只有顺应人类社会的发展规律，科学把握时代发展的总体趋势，才能做出不负人民期望的历史贡献。

2013 年 1 月

目 录

contents

导论

时下，新媒体已经成为人民群众日常生活的有机组成部分，网络文化越来越显示出自己特有的文化力量。一方面，大量的"红段子"、"好段子"为营造和谐向上的文化氛围，传播社会主义先进文化提供重要方式和渠道，大量快捷互动的信息为文化民主和社会管理提供了新的有利平台；另一方面，"黄段子"、"黑段子"等不健康信息也大量存在，破坏了社会风气，冲击了主流价值，甚至对社会稳定带来巨大的破坏性力量。如何正确看待并有效引领网络文化的发展方向，已经成为当代中国文化建设中的一个重要问题。

一股不可忽视的文化力量

科学技术的突飞猛进必然带来文化生产方式的转型和跃升。20世纪中后期以来科技革命的发展，推动了网络技术、电子信息技术等的快速发展。这些技术进步带来的绝不仅是技术层面的问题，它把人们的生活方式带进了一个新的时代，网络化生存已经成为时代现实。国际互联网以高度的时间和空间压缩，把虚拟和现实的界限打破，人们无时无刻不处在虚拟与现实的交织和冲突当中。在此情况下，文化生产、传播、接受、反馈的载体、形式和内容，都发生了翻天覆地的大变化，网络文化的产生和流行就是整个大变化的一个重要体现。

网络文化就是依托国际互联网技术、卫星传播技术和相关高科技传播手段，借助电脑网络、移动电话、电子书籍等技术载体，反映大众日常生活实践、观念、经验、感受，在社会大众中广泛传播，为大众所广泛接受和参与的文化形式和内容。诸如 QQ、博客、微博、网络视频、手机信息、各种段子等都是它在当前的主要表现形式。文化受众的总量显示了文化本身的力量，据统计，截至 2012 年年底，中国网民人数已达 5.68 亿人，大约每 5 位网络用户中就有 3 位使用网络视频服务；移动电话用户超过 11.04 亿，使用手机上网的用户达 7.5 亿。也就是说，网络文化在当下已经成为一种无所不在的文化形式，对社会大众形成了一种无法回避的包围性力量。

新的文化生态和社会管理方式

网络文化的蓬勃发展和广泛流行，正在形成一种新的文化生态。文化专制和文化民主问题，长期以来成为文化的核心问题，文化领域的"立法者""阐释者""接受者"及其相互关系历来就是文化争论的焦点之一。长时间以来，人类处于文化生产与接受的明确界分的文化格局，少数人垄断了文化的生产、传播和解释权，多数人则不自觉地或被强制性地接受。网络文化以其快捷、互动、自主等显著特征，促使文化生产的内在要素和发展逻辑发生了重要转变。社会大众的直接参与是网络文化生产、创造的基本条件，人的文化主动性是网络文化的重要特征。现代教育的提高、市场经济机制的发展，推动着社会大众的文化素质和自主能力得到极大提高，社会大众不仅能够自主地选择和接受文化，而且也直接参与了文化创造活动，他们不再是纯粹的文化被动者，在接受某种文化产品之时，显示出高度的自觉自主性，能够根据自己的判断力对文化产品提出自己的看法，并对文化产品进行文本或意义的再创造，围绕着文化产品而展开的文化生产和接受的双向互动的真正实现。文化格局开始打破——单向性的从创造性的文化精英到被动性的文化受众的文化生产模式开始破解。文化民主、文化自主、信息共享，成为网络文化所代表的新的文化生产方式、新的文化生态的内在特征。

文化生态的变革对政治治理、社会管理、公共领域等产生了强烈影响，政治传播愈发直接，社会管理日益透明，公共领域日益复杂。在网络文化当中,文化信息的生产者即立法者的垄断权被最大限度地打破,信息发布、反馈和政治意志表达的渠道更加发达,几乎每一个人都可以成为信息的发布者和传播者,利益诉求和政治意志表达不仅是政治上层和当权者的专权,每个人都可以借助各种新媒体平台发表自己的政治见解,政治信息多源性、政治意志复杂性、利益诉求对抗性无法回避。与此同时,社会管理、社会监督也更加透明,权力掩盖意见的情况会越来越少。近年来,一些重大事件、热点事件的信息公开透明、真相大白于世,很多都是通过网络、手机等新媒体首先开始的。诸如"甬温线动车事故"等重大事件的信息都是首先通过新媒体传播发布的,"药家鑫开车撞人"、中科院"准院士"、"开房局长"、"郭美美"等热点事件也都是借助于新媒体被人们所熟知的。由此,社会公共领域更加拓展,不同群体之间商谈甚至斗争的平台更加宽泛,任何当权者都不可能垄断公共领域,相反,尽可能借助公共领域成为任何政治团体的必然选择。在中国,作为执政党的中国共产党,也必须高度重视网络文化在社会管理、社会监督、热点事件处理等方面的重要作用。

文化专制和文化民主问题的另一个方面

显然,网络文化对于文化民主、政治民主、社会治理等方面有很大的促进作用。但是,问题还有另外一面,网络文化带来的破坏性力量也是不可低估的。

一方面,网络文化对社会主义意识形态和主流价值观构成了极大的冲击。网络文化是一种来自民间的文化,其价值取向是多元的、复杂的,与意识形态的一元性和思想统一指向性正好发生某种程度上的冲突;网络文化在某些方面形成了民众发泄对主导意识形态不满的渠道,一些不稳定、不成型的价值态度、文化品位、审美趣味;一些嘲讽、玩弄、批判、围攻主流意识形态的信息和段子,借助新媒体流传十分广泛,嘲弄历史英雄、楷模榜样和理想信念的作品也不在少数,从而在文化内容和话语体系上构成了意识形态和社会主义核心价值体系的消解力量；一些网络文化对意识形态文化产品进行吞噬和改造，减缩了主导文化作品的数量和范围，改变了主导文化作品的意义，误导了大众对主导文化作品的理解；网络文化中盛行的实用主义、消费主义、享乐主义、后现代主义等价值观倾向，日益侵蚀、消解社会大众的政治追求、理想信念，冲淡了人们对社会主义核心价值体系的认同，缩小了社会主义意识形态的影响力。

另一方面，网络文化构成了对精英文化的破解力量。反思、批判现实，探索理想、合理的社会状态，引导人们走向更加人性化、合理化、积极向上的生活方式，是精英文化的主导文化精神；这种文化精神和网络文化的主导精神之间存在着差异和冲突。网络文化的显著特征就是文化的世俗化、碎片化、快餐化、表面化，更多地关注日常生活中的世俗性事件，把这些事件直白和宣示在人们面前，而对产生这些事件的深层次社会历史根源则并不深究，往往把意义、历史深度削平，把艺术、文化和生活直接对接，而不是进行探索、审视，人们在网络文化中获得的，主要是娱乐、消费、表层认知或发泄不满，而不是深度思考和冷静批判；网络文化对精英文化最强大的冲击力是破解了社会大众对精英文化崇敬心态，中断了社会大众的精英文化情结，在张扬娱乐消遣、关注当下利益的过程中，放弃了理想信念和长远追求，蔑视、讽刺、远离精英文化及其教化。

与此同时，还需要注意的是，网络文化在特定情况下被某些西方势力所利用，充当了西方意识形态渗透及某些敌对势力活动的工具，对中国的社会稳定带来了破坏性影响。例如，某些民族分裂活动，一些反动宣传，"断手指"事件、"茉莉花革命"等事件，有些就是首先以手机短信、电子邮件、网络视频等形式传播的。总之，在看到网络文化促进文化和社会进步的同时，也必须看到它包含的一些负面影响。

方向引领任重道远

网络文化的功能多样性和价值多重性是一个客观存在的事实，既不能因为其有合理性的一面就无限夸大它的价值而漠视其负面影响，也不能因为其存在着负面影响就一棍子打死。放纵和堵死都是不现实的，关键是要用社会主义核心价值体系引导其沿着正确的方向发展，在充分发挥其文化合理性的同时，尽可能减少其负面影响。

在文化发展中，一定要有明确的标准，标准就是方向。网络文化发展也必须要确立科学合理的文化标准，以标准来引导发展方向。新中国成立之后，毛泽东一方面提出了"百花齐放、百家争鸣"的文化方针，推动社会主义文化事业的发展和繁荣；另一方面他也明确提出了判别思想领域是非的"六条标准"，其中最重要的就是坚持社会主义道路和党的领导。改革开放之初，邓小平一方面大力提倡解放思想，另一方面则明确提出，在思想政治上必须要坚持四项基本原则，反复强调四项基本原则决不能有丝毫动摇，放弃四项基本原则的"庸俗宽容"是不行的。在当今文化相互激荡的时代，文化标准是个大问题，文化标准权是国际思想文化交流和意识形态斗争中的核心权力，加强文化建设，必须确立思想文化的自主标准权意识，以标准权带动主动权，抵御西方文化标准"普世化"。在网络文化发展的过程中，一方面可以借助西方的一些文化标准，实现全球性话语同民族性话语、世界性文化同本土性文化的有机结合，在网络文化发展中发出自己的声音；另一方面，应该努力建构和推行我们自己的文化标准，避免文化依附，更不能陷入西方文化标准的陷阱。

中国网络文化发展的标准和方向，就是社会主义核心价值体系，因此，必须用社会主义核心价值体系引领网络文化的发展方向，弘扬真、善、美的文化；抵制假、丑、恶的文化，弱化错误的价值观倾向。一是要掌握用社会主义核心价值体系引领多网络文化辩证法，既要引领好网络文化的发展方向又要有力抵制腐朽的、错误的尤其是反动的思想动向；既要坚持社会主义意识形态强制性和规范性又要掌握意识形态对网络文化引领、渗透和灌输的技巧；既要在网络文化发展中强调最大的包容性又要坚决维持意识形态底线的不可触动性；既要坚持社会主义核心价值体系的严肃性又要发挥网络文化在文化民主、政治透明和社会监督等方面的重要功能。二是强化社会主义核心价值体系的文化领导权，用社会主义核心价值体系来掌控网络文化的话语权，把社会主义核心价值体系深入到广大网民、手机用户等新媒体使用者的头脑当中，使之成为人们的共同理想和自觉追求，形成符合核心价值体系的思维方式、思想认同。三是建立社会主义核心价值体系与人们生活方式的同构机制，把社会主义核心价值体系渗透到人们的生活方式、交往实践和信仰层面，将它作为个人反省的价值，日常生活的基本遵循，交往实践的基本标尺。四是创建社会主义核心价值体系在网络文化中的生产和再生产机制，把社会主义核心价值体系渗透到网络文化的生产方式当中，使网络文化的创作、传播和消费分别成为社会主义核心价值体系建设的重要载体。

只要做好价值引领和方向引导，网络文化完全可以成为社会主义先进文化建设的重要组成部分，成为构建社会主义核心价值体系的重要途径。例如，《光明日报》与中国移动联手，已经举办了两次全国"红段子"大赛，在社会上产生强烈反响，这项活动通过组织编写大量短小精悍、内容清新活泼的信息，以人民群众喜闻乐见的形式在网络间传播，讴歌时代变化，见证幸福生活，创造人人讲正气、讲和谐的思想舆论氛围，成为在新媒体领域开展先进文化建设的创新之举。仅 2009 年 3 月到 2010 年 3 月，重庆市的手机用户就转发"红段子"1 亿多条，这些段子大都是老百姓自己编写、创作和转发，或者是对党的理想信念的宣传，或者是对现实生活的感受，或者是表达对和谐生活的歌颂，或者是对社会热点问题的评说。通过这些段子，人们的感受和意志得到自由释放，文化创造性得到充分发挥，先进思想得到交流传播，社会主义核心价值体系更加深入人心。

在多元并存的价值观体系中，树立一种主导价值观来引领社会的价值导向，是人类生存本身的需要，但同时也是价值观建设的难点和矛盾之所在。网络文化中，虚拟与现实的矛盾更增加了价值观建设的困难，因为主导与多元的冲突更加直接、更加公开、也更加复杂，表面上的一致和思想上的抵制、现实中的认同与网络上的抵抗纠缠在一起。因此，用社会主义核心价值体系引领网络文化的发展方向，并不是一件容易的事情，需要付出巨大的努力和进行长期探索。

第一章
网络时代的意识形态安全

意识形态的渗透和反渗透，长期以来就是两大社会制度之间斗争的重要方面，境外敌对势力对中国的西化分化图谋从来就没有停止过。直至今日，硬实力方面的军事打击和经济制裁，软实力方面的文化渗透和意识形态颠覆，是西方资本主义国家惯用的伎俩。当前，互联网几乎完全在少数西方发达国家的掌控当中，因而通过互联网进行意识形态渗透，更成为他们实施其政治图谋的新途径。在这种情况下，如何进一步加大维护国家意识形态安全就成为迫在眉睫的重要任务。

一 渗透与反渗透：从来就不是传说

1990 年笔者刚上大学的时候，在课堂上听一位老先生讲课，说到"和平演变"，老先生一笑说："这都是自己吓唬自己，美国自己国内还一大堆烂摊子，他哪有工夫演变你呀！"当时觉得有些道理。是呀，中国近代以来饱受欺凌，难免产生一种心理，总把外部世界想象得充满敌意，布满阴谋。可是，随着苏联解体，颜色革命蔓延，再加上西方一些档案解密，这些都说明，和平演变并不是一个子虚乌有的传说！

（一）文化自由同盟、中央情报局和美国的文化冷战

1950 年 6 月，朝鲜战争爆发，远在柏林的一些文化人闻风而动，成

立了一个名为"文化自由同盟的组织"。这个组织集结了来自世界各地的反苏分子，通过反苏反中立宣言，以宣传文化自由为主旨，提出"文化自由不言而喻乃人不可剥夺的一项权利……极权主义国家的理论和实践是在文明史中人类需要面对的最严峻的挑战。"① 这个组织长达 17 年之久，在 20 世纪五六十年代影响巨大，在最鼎盛时，该组织在 35 个国家设有办事处，雇佣 280 名工作人员，用几十种语言出版 20 多种有影响的刊物，举办高水平的国际学术会议，抗议苏联压制文化自由，并且开展各种艺术展览、音乐会等文化活动。我们现在所熟知的瑞蒙德·阿隆、汉娜·阿伦特、丹尼尔·贝尔都是这一组织的成员。

1967 年，有媒体开始披露这一组织接受美国中央情报局的经费。彼得·科尔曼是澳大利亚文化自由同盟杂志《四分仪》的主编，他带着疑问，开始深入采访和调查，结果发现了一个惊人的故事。文化自由同盟这个组织完全是由美国中央情报局操纵的文化组织，其目的就是要与苏联展开文化冷战，传播美国的意识形态。在这之后，英国学者弗朗西斯·斯托纳·桑德斯进行了更深入的研究，掌握了丰富翔实的材料，写了一本名为《文化冷战与中央情报局》的著作。

在 20 世纪上半叶，资本主义的危机引发了两次世界大战，给世界带来了巨大的灾难。

第二次世界大战之后，苏联的社会主义建设成就及其在第二次世界大战中力挽狂澜于既倒的历史作用，给全世界留下了深刻印象，资本主义被看做行将没落的制度，而社会主义被许多第三世界国家和欧洲知识分子视为人类发展的未来。与此同时，旧的殖民体系开始解体，亚非拉地区民族独立、革命风起云涌，许多国家都声称要选择社会主义道路，即使美国的后院拉美地区，一些国家也选择了中间偏"左"的发展道路。苏联的社会主义制度和文化产生了世界性影响。因此，为了打击苏

---

① ［澳］彼得·科尔曼：《自由派的阴谋：文化自由同盟与战后欧洲人心的争夺》，黄家宁等译，东方出版社 1993 年版，第 63～65 页。

联社会主义制度的影响力，树立美国的国家形象，美国开展了秘密的文化冷战，与苏联在世界范围内争夺人心，宣传美国的价值观念。

为实现这个战略目标，美国制订详细的计划，耗费巨资，由中央情报局暗中组织，在文学、社会科学、电影、宗教和艺术等领域展开了全方位争夺。针对苏联的政治经济制度特征，美国把社会主义与资本主义之争转变为独裁专制与自由民主之争、黑暗与光明之争，其目标是让人们接受这样的观念，美国是代表自由和光明的国度，它的社会制度和发展道路是唯一正确的发展道路。而苏联则被不断妖魔化，被描绘成一个专制残忍黑暗的国家，社会主义被描写成一个骗局。在 20 世纪 40 年代末至 50 年代初，在美国中央情报局的资助下，一些欧洲作家如安德烈·纪德的《从苏联归来》，亚瑟·凯斯特勒的《正午的黑暗》和《瑜伽信徒和人民委员》，伊格纳齐奥·西洛尼的《面包与酒》等描写苏联社会问题的著作被出版，而同情苏联的著作则被扔到了一边。① 之后不久，又出版了《上帝的失败》（The God That Failed）和乔治·奥威尔的反乌托邦名著《1984 年》。《上帝的失败》的作者是 6 位当时的文化名人，其中有 3 位真正参加过革命宣传活动，以现身说法的形式论证共产主义理念已经失败。②

美国的文化冷战采取的是秘密渗透的形式。

在文化冷战过程中，美国中央情报局把基金会、大公司和知识分子巧妙组织起来，形成了一个庞大的关系网络，不断推出美国的文化，首先争取世界范围的知识分子对美国文化认同，并通过这些知识分子的辐射作用，影响大众的价值观念。然后，通过知识分子之间的交往影响苏联国内的知识分子，逐步影响苏联的领导人。为了掩饰这种有目的有组织的大规模宣传活动，中央情报局往往成立大量的外围组织，以民间组织的身份活动，打出公益大旗。并且成立一些外围基金会，这些基金会

---

①② ［英］弗朗西斯·斯托纳·桑德斯：《文化冷战与中央情报局》，曹达鹏翻译，国际文化出版社 2002 年版，第 20 页，第 69 页。

都是空壳，没有实体，只有一个名字，然后把资金打入基金会账户，把钱"洗"干净之后，再来资助他们看中的知识分子和由这些知识分子成立的文化组织。另外一些著名的基金会如福特基金会、洛克菲勒基金会等，其领导人与美国中央情报局有千丝万缕的联系，也经常主动为美国中央情报局排忧解难。

"文化自由同盟"（也有翻译为文化自由代表大会）从美国中央情报局获得了巨额经费。1966年，这个组织的活动经费高达200万美元。[1] 当时的美元还是金本位制，200万美元在文化领域可以说是巨资了。从20世纪50年代初这个文化组织的成立，到60年代末，美国的经费投入可想而知。美国中央情报局对这些组织的资助和操纵是极其秘密的，只有这些组织的核心成员才知道，而许多外围的工作者根本不知道自己的活动是被一只看不见的手所操纵的。像彼得·科尔曼最初接受记者的采访时，就曾断然否认自己和编辑部受到了外界压力，尤其是美国中央情报局。

美国中央情报局进行秘密文化渗透非常巧妙的另外一招，是在文化自由同盟中大量吸收非共左派知识分子来进行文化冷战。

在文化自由同盟中，美国中央情报局所选择的知识分子，并不是拥护资本主义的知识分子，也不是极端反共的知识分子，而是非共左派，即那些反对资本主义，拥护社会主义，但又对苏联社会主义实践失望的那些知识分子。"情报局认识到，把那些带有左翼政治传统、自认为是权力中心对立面的任何机构吸引进来是有好处的。吸收这些人和机构有双重用意：能够接近那些'进步'群体，这样就可以监视他们的活动，或者把其中的成员吸引进来，让他们加入中性的、或者不那么激进的论坛中来。"[2]

---

[1] ［澳］彼得·科尔曼：《自由派的阴谋—文化自由同盟与战后欧洲人心的争夺》，黄家宁、季宏、许天舒译，东方出版社1993年版，第268页。

[2] ［英］弗朗西斯·斯托纳·桑德斯：《文化冷战与中央情报局》，曹达鹏译，国际文化出版公司2002年版，第63页。

利用左派进步人士，尤其是那些曾经支持过苏联、到过苏联、最后又产生幻灭感，走向反对苏联的那些人，用他们的言论来反对苏联政权，这会给那些不知内情的人一个印象，这些人是真正的共产主义者，是真正的理想主义者，是真正反对资本主义的人，他们对苏联制度之所以失望，是因为苏联并不是真正的社会主义，它只不过是打着社会主义旗号，实际上是一个专制独裁的政权，否则，这些真诚的理想主义者为什么要失望呢？同样是反苏反社会主义，从曾经支持、同情甚至参与共产主义运动的人口中说出来，与从一开始就极端仇视共产主义的人（如杜勒斯）的口中说出来，前者对民众的冲击力和影响力无疑是最大的。民众就会不由的得出，苏联实际上是一个骗局，是独裁专制政权，是假社会主义的结论。

实际上，这正是美国及其盟国所要说的，所要让人们接受的观点。

美国就这样通过不断地文化渗透，先影响知识分子，再影响大众，进而颠覆对方的社会心理、意识，然后影响对方的经济与政治决策，达到不战而屈人之兵的目的。

（二）中国为什么总是被妖魔化

实际上，文化自由同盟的活动也涉及了中国。美国中央情报局官员迈克尔·乔塞尔森是文化自由同盟的实际负责人。1959 年，他邀请中国问题专家罗德里克·麦克法夸尔主编一份中国问题研究的刊物，这就是《中国季刊》。但是，这本刊物秉承学术立场，力图对中国进行客观分析，这让迈克尔·乔塞尔森有些失望。[①]

这是美国对中国文化渗透的一个小案例。美国对中国的文化渗透从来就没有放松。美国的手法就是高举"自由、民主和人权"，一方面妖魔化中国，另一方面理想化美国，然后通过各种方式在世界范围内传

[①] ［澳］彼得·科尔曼：《自由派的阴谋——文化自由同盟与战后欧洲人心的争夺》，黄家宁、季宏、许天舒译，东方出版社 1993 年版，第 268 页。

播，并逐渐向中国国内进行文化渗透。

1979 年，中美建交，中美关系正常化，中国和美国的文化交往不断深入。20 世纪 80 年代初，中国社会科学院研究生院成立新闻专业，并聘请美国新闻学者担任教师。阿特伦森教授曾经做过新闻记者，是一位客观、公正的学者，尽量真实客观的看待中国。他不贬低、丑化中国政府和人民，但是，对中国也会提出直率的、尖锐的批评。回国后，阿特伦森教授写了一部名为《赴华使命》的书，以真诚的态度报道中国，介绍中国，并坦率提出自己的意见。阿特伦森教授态度认真严谨，几易其稿，材料务求准确，并回访中国核实、补充材料。但是，出版商认为这本书虽然很有意思，但太倾向于中国，应该增加对中国的批评，阿特伦森教授断然拒绝，直到 1988 年逝世，这本书仍未出版。[①]

与此同时，前《纽约时报》驻京记者鲍福德（福克斯·巴特菲尔德）出版了一部关于中国的书，名为《苦海余生》（From Bitterness of Sea）。这本书被美国媒体追捧为了解中国的必读书。作者脱离中国的历史，看不到中国的发展，总是寻找中国的问题，总是以一种阴暗的心理看待中国的人和事。新华社高级记者熊蕾女士认识这位作者，她对自己所知情的内容进行了分析，认为这是一本充满了偏见的著作。这本书中所写的一件事最有代表性，鲍福德写了自己与一位学习新闻的中国女研究生进行交往，这种交往如何受到官方的监视和干预，以此显示中国不自由、不开放。但是，熊蕾女士指出，鲍福德这种说法非常片面，这位女研究生的老师也是美国人，他的授课从内容到形式没有受到任何限制，但鲍福德对这些却只字不提。"片面陈述事实，误导读者，给中国抹黑的书，可以被捧为了解和认识中国的'钥匙'和'必读书'；而实事求是地介绍中国的书，尽管确有价值，却仅仅

---

① 李希光、［美］刘康等：《妖魔化中国的背后》，中国社会科学出版社 1996 年版，第 126 页。

因为'向着中国'被打入冷宫。"①

这是美国（或西方）关于中国的畅销书的共同腔调。这类书可以分为两大类：一种是在中国短期旅行或居住的人，往往以描写异国情调、奇闻怪事为主，在这些描写中总是要显示出中国的落后和黑暗，反衬出美国和西方的先进和光明。另一类是从中国去美国（或西方）的人写的书。这类书就更是模式化，"从中国来的作者一般写的主题是他们个人的'文化大革命'的苦难经历，以揭露黑暗和恐怖为主，重点是倾诉个人的不幸与痛苦，文字当然是越煽情越好。"②这类书里最有代表性的是郑念在 20 世纪 80 年代出版的《上海生与死》和张戎 90 年代出版的《鸿：中国三代女人的故事》。这类书中还有另一种模式，主要内容是针对领袖人物，其主要内容就是极力描写其集权专制，如何残酷迫害他人，生活如何荒淫无耻。而且，这类畅销书往往还要极力显示其内容的真实性和权威型。最有代表性的是李志绥所撰《毛泽东私人医生回忆录》、张戎和她的丈夫的新著《毛泽东，鲜为人知的故事》。这两本书看起来确实够权威的，李志绥自称是毛泽东最贴身的私人医生，张戎和她的丈夫也自称是翻阅大量档案，采访了大量的当事人才写成此书。

这些书在美国或西方一些地方出版，都是立即受到媒体吹捧，受到一些专家好评，被认为揭露了极权主义的真实面目。

实际上，这类畅销书既有商业色彩，但更有政治色彩，是西方有目的对中国进行文化渗透的一部分。这些书在出版时，总是要考虑到西方读者的口味和欣赏习惯、价值观念，故事讲述也是美国式的模式。表面看起来，这是一个中国人写的书，讲述自己的经历。但是，由于叙述模式和价值观的美国化、西化，在更深层次上，这些著作不是从中国的世界观、价值观出发来写，而是从美国和西方的主流价值观来看待这些个人经历。

---

① ② 李希光、〔美〕刘康等：《妖魔化中国的背后》中国社会科学出版社 1996 年版，第 127 页，第 128 页。

一百多年以来，中国面临着来自西方资本主义的侵略，国土被侵占，主权被侵蚀，中华民族处于生死存亡之际。中国整个近现代史就是救亡图存，求独立、求生存、求发展的进程。巨大的外部压力也使中国内部经济、政治和文化发生了巨大变化。这是中华民族抗争的过程、奋斗的过程，不断探索民族的生存、发展的出路的过程，而这个过程的大背景，就是一个经济、政治和文化都处于落后地位的农业国如何快速现代化的过程。不可否认，在这个过程，新中国出现过重大失误，如1957年"反右"扩大化、"大跃进"急于求成和"文化大革命"。一些人和家庭在这些运动中受过大的伤害，甚至是极大的伤害。但是，新中国虽然有失误，更有以朝鲜战争为代表的军事的胜利，这是近现代中国面对世界霸权的第一次胜利。有以"两弹一星"为代表的科技成就，有完整的工业体系布局，有人民生活水平逐步提高，有普及的国民教育，等等。

但是，从前面所述的畅销书中，你看到的只是伤害，看不到成就，只能看到个人恩怨，看不到社会历史的全貌。当然，美国出版的这些书也不会让你更深入思考这些问题，只要你读后得出，"美国真好，中国真黑暗"这样的结论就行了。

从西方文化渗透的角度来看，这些出版物的出版和受到媒体热捧，很难说背后没有背景。20世纪冷战时期，一些反苏小说就是在美国中央情报局暗中资助下出版的。现在一些档案披露，苏联被禁小说《日戈瓦大夫》在国外的出版并获得诺贝尔奖，中央情报局也曾暗中插手其中。就拿李志绥所撰《毛泽东私人医生回忆录》来说，这本书的策划人黎安友（Andrew J. Nathan），他是哥伦比亚大学的教授，主要研究中国的政治和人权状况，但是，他还是最有财源的"民运"组织"中国人权"的美方负责人。① 这本书背后是怎么回事，可想而知了。

---

① 金小丁：评张戎的"毛泽东，鲜为人知的故事"，国公网，2008年7月22日（http：//www.zlgwy.com/ms/snsx/a/2839/442839.html）。

但是，中国的读者总是有一种误区，认为在国内出于政治原因，一些回忆录不能说真话，到了国外之后，没有了各种外部压力，作者可以畅所欲言，写下最真实的东西。因此，这类畅销书的中译本通过各种渠道进入国内，人们抱着一种揭秘的心态来看这些作品，先入为主认为他们写的都是真的，说了在国内不敢说的话。但是，在西方的主流意识形态氛围中，这些出版机构有自己的意识形态筛选机制，只有符合它们、顺从它们的才能出版。但是，在这个过程中，这些书中已经渗透了西方的意识形态，中国的形象已经被扭曲了。因此，想通过这些畅销书籍来了解中国现实和历史的人，往往会掉入西方的意识形态陷阱。

当然，美国的畅销书并非特例，西方大众媒体、文化产品对中国进行妖魔化是一种常态。

（三）渗透与反渗透：生死攸关的文化领导权之争

"国务卿先生，你的意思是，那时，赫鲁晓夫的孙子将有自由了，是吗？"

"哦，我并没有对这件事情定过日期，但是我愿意这样说，如果他继续要有孩子的话，而他们又有孩子的话，他的后代将获得自由。"①

这是 1957 年 7 月 2 日美国国务卿杜勒斯召开记者招待会时的谈话。他和记者所说的就是著名的"和平演变"。在杜勒斯看来，西方社会的民主制度建立在被统治者同意的基础上，并且随着被统治者的意愿而不断改变。这体现了人的价值和尊严。人的价值和尊严是社会发展的根本动力，因此，西方社会在它的推动下能够不断地和平转变。杜勒斯认为社会主义是一种极权制度，但人的价值和尊严的力量会推动集权制度向自由社会转变。所以，西方社会应该坚信自己的力量，敢于和苏联进行和平竞赛，树立自由社会的榜样，并通过自由的个人和企业的作用，推

---

① ［美］杜勒斯：《杜勒斯言论选辑》，世界知识出版社 1960 年版，第 322 页。

动极权社会向民主自由社会转变。

说得简单一点，杜勒斯就是认为，从军事上说，已经无法消灭社会主义了。西方的任务是通过宣传资本主义社会的优越性和生活方式，通过个人和经济的交往，不断进行文化渗透，逐渐影响社会主义国家的第二代、第三代思想观念，让他们主动放弃社会主义。

和平演变是西方针对社会主义的长期战略。这一战略并不像杜勒斯所说的，好像是通过自然国家、个人的交往而产生的自然而然的社会变化。和平演变实际上是在西方国家周密计划的情况下，通过各种方式，侵蚀、颠覆社会主义主流意识形态，让人们逐渐接受西方意识形态，进而全盘西化，接受西方的政治经济制度。

第二次世界大战结束之后，面对苏联社会主义的国际影响力，美国制定了编号为 NSC－68 的政府文件，这是冷战的最高指导文件，核心宗旨是"通过建设性措施实施'自由'这个理念证明其优越性"。[①] 而美国的中央情报局是实施这一纲领的主要部门，是一个"影子文化部"，主导着美国的对外文化战略。美国中央情报局拥有充足的、巨额经费。据英国学者弗朗西斯·斯托纳·桑德斯的研究发现，在美国扶植欧洲的马歇尔计划中规定，每个接收计划的国家都应当将与该计划提供的外援资金数额相等的资金存入中央银行，作为对应资金。这些资金的 5% 为美国国有资产，大约有 2 亿美元。这部分资金成为秘密经费，进入了美国中央情报局腰包。[②]凭借着巨额经费，美国中央情报局在世界范围内操纵着美国价值观的传播。

纵观历史我们才能知道，为什么我们满怀诚意去了解西方，与西方交往，也希望西方了解我们，但西方却总是不断地妖魔化我们。这就是原因所在！

西方的和平演变还是有效果的。苏联领导人戈尔巴乔夫成为最高领

---

①② ［英］弗朗西斯·斯托纳·桑德斯：《文化冷战与中央情报局》，曹达鹏译，国际文化出版公司 2002 年版，第 105 页，第 114 页。

导人后，按照西方的模式进行政治体制改革，1991 年苏联解体，接着是俄罗斯总统叶利钦依照西方新自由主义的"休克疗法"进行经济改革，结果经济崩溃，从世界强国差点跌入三流国家行列。俄罗斯学者 B. A. 利西奇金、Л. A. 谢列平为此写了一本名为《第三次世界大战——信息心理战》的书，认为，美苏之间实际上已经进行了第三次世界大战，这是一次信息心理战，美国通过文化渗透，成功操纵了苏联人的文化和心理，然后苏联人做出了各种损害苏联有利于美国的决策。

笔者的一位朋友研究文化问题，他曾谈到文化认同问题。他认为，或许我们接受了西方的文化和生活方式，我们会向他们那样生活得很好，但是，我们却不再是"中国人"了，因为我们已经放弃了我们自己的文化和生活方式，

但是，苏联解体的历史说明，西方和平演变战略并不是简单地接受西方的生活方式和价值观念的问题。西方的意识形态向世人许诺了一条"普世"的道路，只要采用了西方的自由民主的政治经济制度，人们就会逐渐过上美国人一样的生活。但是，百年来的历史现实却是，资本主义发达国家只是极少的几个，大部分实行这种制度的国家成为了发达资本主义的附庸。就拿现在的俄罗斯来说，它在国际经济中的角色是向发达国家提供石油天然气，在经济上严重依赖于发达国家。

西方和平演变实际上事关中国的发展道路问题，是全盘西化走资本主义道路，还是走社会主义道路的问题，是事关国家前途命运的问题。因此，面对西方的和平演变，文化领域的渗透和反渗透已经是一个生死攸关的问题。

西方提出对社会主义的和平演变战略以来，中国几代领导人高度重视，反对西方的和平演变，并上升到战略高度。杜勒斯关于和平演变的讲话立即引起了毛泽东主席的注意。1959 年 11 月，毛泽东主席召开了一次研究国际形势的高级别会议，参加会议的有周总理、彭真和王稼祥等人。会前，毛泽东特意让他的秘书林克找来杜勒斯的讲话，并谈了自

己的看法。林克把这些谈话整理成批注，在其中一条批注上，毛泽东主席是这样说的，"杜勒斯这段话表明：由于全世界社会主义力量日益强大，由于世界帝国主义力量越来越陷于孤立和困难的境地，美国目前不敢贸然发动世界大战。所以，美国利用更富有欺骗性的策略来推行它的侵略和扩张的野心。美国在标榜希望和平的同时，正在加紧利用渗透、腐蚀、颠覆种种阴谋手段，来达到挽救帝国主义的颓势，实现它的侵略野心的目的。"[①] 毛泽东主席对此极为重视，提醒全党警惕西方的和平演变，并在 60 年代深入开展"社会主义教育运动"，培养社会主义接班人。在当时的历史条件下，一些政策和措施受到极"左"思潮的影响，但是，反对和平演变这一目标本身无疑是正确的。

十一届三中全会以来，在邓小平同志的领导下，中国开始了伟大的改革开放进程。在这个过程中，中国与西方的经济、政治和文化交往越发频繁，西方的文化和各种思潮逐渐进入中国并发生影响，中国的经济体制也发生了深刻变化，再加之全球化、信息化，等等。应该说，在不断开放的条件下，中国意识形态领域反对和平演变、渗透与反渗透的斗争变得更加复杂。在新的历史时期，这一斗争的中心问题是，我们是在马克思主义指导下，根据中国的实际情况不断完善社会主义制度，还是全盘西化，移植西方资本主义的社会制度。围绕这一问题，渗透与反渗透的斗争，一直贯穿于改革的进程中，这其中有经验也有教训。1983 年，中国开展了"清除精神污染运动"，之后，中国的思想领域又展开了反对资产阶级自由化的斗争，但是，由于各种复杂因素，西方各种思潮的泛滥，社会主义主流意识形态受到冲击。

随着改革开放的进程，中国与世界经济联系越来越紧密。中国的经济体制转变为社会主义市场经济——以公有制为主体，多种所有制共存。社会上也出现了不同的利益集团和不同的利益诉求。新自由主义、

---

① 子舒："毛泽东与'和平演变'"，载于《党史纵横》，2004 年第 11 期。

民主社会主义、普世价值等改头换面的西方意识形态不断登场，而西方以各种借口不断向中国施加压力。在这种复杂的局面下，党中央旗帜鲜明，高举中国特色社会主义大旗，坚持马克思主义的指导地位，并在实践中不断发展马克思主义，不断完善中国特色社会主义理论体系，推动社会主义文化的不断发展、不断繁荣，为中国的改革开放提供了牢固的思想保障。

国际互联网：文化渗透又多一招

文化霸权是霸权的重要维度。一个霸权国家总是要不断地通过文化渗透，让其他国的民众从理论上、心理上和情感上主动认同这个国家，认为它的发展代表人类历史的方向，它的利益代表全人类的利益。美国为了争夺文化霸权，以各种渠道进行文化传播。而国际互联网的出现，给美国的文化渗透又增加了一个渠道。

（一）"颜色革命"、蜂拥战术与互联网

20 世纪以来，在东欧和苏联的一些地区，像多米诺骨牌一样，纷纷出现骚乱。在民众大规模示威的压力下，政府倒台，反政府组织上台。由于反对派往往以某种颜色为象征，因此称之为"颜色革命"，如"玫瑰革命""橙色革命""郁金香革命"。

"颜色革命"听起来很美，但是实际上却极其凶险。"颜色革命"实际上是美国通过一些慈善机构、基金会等非政府组织进行文化渗透，传播西方的"民主自由"这样的主流价值观念，培育反政府的"自由民主"势力，扶植"反对派"，然后鼓动不明真相的群众上街游行示威，颠覆政府，建立亲美政权。"颜色革命"并非真正的社会革命，只是在民主旗号下进行的政权更替。既没有增加实质性的民主，也没有增加人民的福利，民众只是被利用的工具而已。

"颜色革命"是美国实现其战略利益的工具。其目标是占据地缘战略要地，压缩敌对国战略空间。最初的"颜色革命"无疑指向的是俄罗斯。苏联解体之后，苏联的许多加盟共和国先后独立。但是，虽然这些国家放弃了社会主义制度，实行民主宪政，而且与俄罗斯也有各种摩擦。但是，由于历史原因，这些国家的领导人仍然与俄罗斯保持密切联系。颠覆这些亲俄领导人（或者反美），扶植美国的代言人获得政权，进一步打击、遏制俄罗斯重新崛起，成为美国的重要目标。

而乌克兰、格鲁吉亚、吉尔吉斯这些发生"颜色革命"的国家，都是战略地位极其重要的国家。布热津斯基认为，"丢掉了乌克兰及其5200多万斯拉夫人，莫斯科任何重建欧亚帝国的图谋均有可能使俄罗斯陷入与在民族和宗教方面已经觉醒的非斯拉夫人的冲突中"，① 控制了乌克兰，也就遏制了俄罗斯向欧洲迈进的脚步。格鲁吉亚是黑海石油管道的枢纽，一条从巴库－底比利斯－杰伊汉的石油走廊正在修建，它旨在避开俄罗斯在该地区石油的控制。而吉尔吉斯处于亚欧大陆中心区。美国通过"颜色革命"，以低廉的代价实现了英美地缘政治家挺进、遏制欧亚大陆中心地带的战略设想。

"颜色革命"的手法是利用该国政府存在的问题，挑动不明真相的群众反对政府，迫使政府下台。这种手法被美国智囊兰德公司称为"蜂拥"战术，② 就是像密集的蜜蜂一样发起进攻。这实际上是通过操纵大众心理和情绪推翻敌对国家的手法。"蜂拥"战术可不是一时即兴之作，而是英美智囊长期研究的产物。1921年，英国军方创立的塔维斯托克研究所开始研究人在压力下的崩溃点，为英国的心理战服务。第二次世界大战以后，洛克菲洛基金会出资与塔维斯托克研究所合作，研究和平条件下的社会精神病学，为美国的心理战服务。1967年，塔维斯托克

---

① ［美］兹比格纽·布热津斯基：《大棋局：美国的首要地位及其地缘战略》，中国国际问题研究所译，上海世纪出版集团2007年版，第77页。

② ［美］威廉·恩道尔：《霸权背后——美国全方位主导战略》，吕德宏等译，世界产权出版社2009年版，第24页。

研究所所长开始关注年轻人群体现象，例如在摇滚乐演唱会中年轻人群体的精神亢奋状态，认为这种现象需要重新认识和研究，可以用来推翻敌对国政府。兰德公司将其相关研究加以利用，精心研制出所谓"蜂拥"战术。

运用"蜂拥"战术的过程，主要以美国国家民主基金会、美国民主党的全国民主研究所、美国共和党的国际问题研究所、国际选举制度基金会、国际共和政体研究所等所谓民间组织，都是从美国政府的国家开发署获得资助，或者是美国国家民主基金会的下属和外围组织先是在目标国家的民众中进行意识形态渗透，尤其是青年人。它们派出学者、情报人员、知名政要、国际知名人士，在目标国家进行活动，建立各种的反政府的政治组织，尤其是在青年学生中，培养选民政治积极分子，提供资金和指导，宣传美国的自由民主价值观。同时向报刊传媒渗透，资助媒体、报刊和电台，以此为中介，在民众中进行意识形态渗透。国家民主基金会的第一任代理主席艾伦·温斯顿坦率地对《华盛顿邮报》说："我们（国家民主基金会）今天做的许多事，在25年前都是中情局的活。"①

一旦时机成熟，在该国进行总统或议会选举时，由反对派宣布政府操纵选举，拒绝承认有利于政府的选举结果，鼓动或收买民众走上街头，游行示威，甚至煽动示威群众占领政府机构。与此同时，西方媒体也总是在恰当的时间、恰当的地点，拍摄到年轻的赤手空拳和平示威者的画面，之后西方国家发动强大的舆论攻势，或者政府声明，或者舆论谴责，这样，政府当局在国内国外失去了合法性和权威性，被迫辞职。反对派上台组建政府，美国和西方国家承认新建政府。如此这般，美国扶植的政治势力合法上台。

在美国的文化渗透和颠覆政府的过程中，其中最突出的一点就是国

---

① ［美］威廉·恩道尔：《霸权背后——美国全方位主导战略》，吕德宏等译，世界产权出版社2009年版，第88页。

际互联网的广泛应用。

"蜂拥"战术的有三个关键点：第一，让民众接受西方的价值观念，希望通过民主过上美国人的生活；第二，要联系数量众多的人一起行动，群体越大，个人理性思考反而越少，越容易被操纵；第三，在世界范围内传播抗议活动的画面和消息，利用国际舆论胁迫政府，使政府进退两难，即使用暴力将在国际社会面前失去政权合法性，不使用暴力就只有下台。而国际互联网难以控制和瞬间传播等特征在这几个关键点上能够发挥巨大作用。

任何政府都会对广播、电视和报刊等传统传媒进行不同形式的控制，阻止播发出对政府有害的信息。政府对媒体治理是西方文化渗透的巨大障碍。而互联网与传统的媒体不同，它形成了一个巨大而复杂的虚拟空间，信息传播很难控制，防不胜防。如建立持西方立场的网站，以介绍学术为名传播西方意识形态，在网络聊天室中进行思想灌输，写作个人博客等，都可以避开政府相关部门的控制。而一旦街头游行开始，互联网又能迅速提供信息，如哪些地方有军警，哪些地方警戒，哪些地方行动受阻，这些情况都可以通过网络电子邮件发给指挥者，这样，组织者可以立即调整行动，像游击战一样，游行出现的地点令官方防不胜防。信息高速即时的传播，极大地加强了"蜂拥"战术的运动性。在这之后，西方著名媒体就会"准确"的出现在现场，拍摄下高举"民主"旗帜的民众反抗"独裁"政府。然后，经过精心选择、甚至拼贴的照片、视频就会出现在这些著名媒体的网站上，瞬间传遍世界，引起世界关注，给该政府以巨大的舆论压力，直至其下台。实际上，整个过程都是有组织操纵下进行的。但是，给全世界的印象却是民众为了自由民主自发推翻独裁政权。

随着互联网技术的迅速发展，"蜂拥"战术的威力也会极大提高。

（二）关注中国民主人权的"全球之声"

2005年4月6日，英国BBC播出了这样一条新闻，"全球之音通过博客说话"，"全球之声"已经走出哈佛校园，超越北美和欧洲，正在走向全世界。① 到 2010 年，"全球之声"已经开始跟踪 160 个国家的传媒，收集博客，在世界范围内产生了影响。

"全球之声"是由伊丹·查克曼和丽贝卡·麦康瑞在 2004 年 12 月建立的网站，赞助者是美国哈佛大学贝克曼网络与社会研究中心，是一个非营利性的组织。它的目标是以博客为桥梁，让不同国家和民族的人相互了解身边发生的事情，与其他专业网站不同，它不要求专业性，而是用日常百姓的观点来看待事件。它的方法说起来很简单，就是通过国际互联网，搜集各个国家的民众发表的博客和照片等，然后进行精心选择，选择有意思的事情或评论，翻译为英文，粘贴在网站上。2007 年，"全球之声"推进多语计划，就是要把英文翻译为其他语言。这些计划依靠的是志愿者。2008 年，"全球之声"在荷兰阿姆斯特丹成立为一个独立的非营利组织。② 可以说，"全球之声"是国际互联网产生的新的传播形式。

现在互联网形成的虚拟空间巨大无比，即使是博客内容也是庞杂无比，这些都需要网站编辑精心挑选。在这个过程，网站工作人员所持有的价值观念就会影响博客的选择和翻译。只有网站工作人员有一个客观公正的立场，选择的博客才会客观、形象和丰富，展示出世界真实面貌。而一旦网站工作人员持有偏见，展示出的自然也是被歪曲的画面。

"全球之声"主要关注点在发展中国家。从 2004 年年底成立到 2007 年 5 月 15 日，"全球之声"所翻译报道的"公民新闻"按来源地分，条数最多的前五名为中国（1589 条）、俄罗斯（1006 条）、印度（994 条）、伊朗（822 条）和尼日利亚（635 条）。其关注的内容则主要分布在政治（4129 条）、政府治理（28700 条）、人权（1997 条）、国

---

① Global voice speak through blogs, 6 April, 2005, http：//news. bbc. co. uk/2/hi/technology/4414247. stm。

② "全球之声"，维基百科（http：//zh. wikipedia. org/w/index. php？title＝％E5％85％A8％E7％90％83％E4％B9％8B％E8％81％B2&oldid＝8709842）。

际关系（1980 条）、艺术与文化（1925 条）、媒体（1733 条）、历史（1701 条）、战争与冲突（1630 条）和言论自由（1589 条）。① 从数字可以看出，政治人权是网站关注的重要内容，尤其是关注中国的政治和人权状况。

新闻讲求客观性，而"全球之声"以公民博客为主要内容，从传媒的角度看存在重大问题。博客不同于新闻，往往有随意性，情绪性，事情的了解也未必全面。在这种情况下，再根据一些持有不同价值观念的带有偏见的工作人员选取的博客在全球范围内传播，就会产生不负责任的做法。

实际上，"全球之声"的一些做法，并不是仅仅存在偏见的问题。

"全球之声"是一个非营利性的网站和组织，现在，它的规模和组织越来越大，其经费需求何以维持？虽然据说很多工作人员是志愿者，但是，志愿者不要钱，不等于经营网站不花钱。跟踪 160 个国家的网络传媒，又是多语种的翻译，仅仅是志愿者怎么能够维持。从维基百科的介绍来看，"全球之声"得到了哈佛大学贝克曼网络与社会研究中心的支持，另外，路透社曾在 2006 年的 1 月给予"全球之声"一个未设上限的补助金。② "全球之声"计划负责人大卫·佐佐木（David Sasaki）的回忆文章还给我们提供了另外的资助者。

"五年前的 12 月，David 横越美国，从加州前往波士顿哈佛大学，参与有关全球博客的一日工作坊，这场活动就是一段脑力激荡过程，而活动名称即为'全球之声'。各位今日所见的网站，源于我和伊森（Ethan Zukerman）筹办工作坊的博客，我们的目标若简而言之，即讨论'如何使用博客工具，才能帮助不同国家人民产生更直接、更有意义的对话'。这场工作坊亦附属于网络与社会研讨会之中，由哈佛大学柏

---

① 邓建国："'全球之声'网站挑战中国对外传播"，载于《对外大传播》，2009 年第 2 期。

② "全球之声"，维基百科（http：//zh.wikipedia.org/w/index.php？title=%E5%85%A8%E7%90%83%E4%B9%8B%E8%81%B2&oldid=8709842）。

克曼网络与社会中心主办，开放社会研究所则慷慨地提供经费，让我们能邀请世界各地博客前来，我们将活动讯息张贴在网络上，David 和其他人也主动前来参加，真是感谢老天！"①

索罗斯的开放社会研究所！只要对开放世界研究所稍有了解的人都能明白这意味着什么。索罗斯的开放社会研究与国家民主基金会都是美国输出民主的重要非政府组织力量之一。在东欧和苏联地区发生的"颜色革命"中，索罗斯的民主基金会提供了大量资助，在当地成立分会，培养反政府人士，形成反政府组织，不断向文化、教育领域渗透，甚至影响到学校教学的课程内容，传播西方的自由民主观念，揭露抨击政府的独裁腐败，领导人的腐化堕落，逐渐影响民众的观念，形成反政府倾向。美国"颜色革命"的成功，开放社会研究所功不可没呀！

不管是"全球之声"的创始人抱有多么美好的愿望，也不管那些志愿者为了人与人之间的相互理解做了多少无私的工作，索罗斯的开放研究所对它进行资助，说明这个组织适合了美国文化输出、文化渗透的需要，已经成为了美国对外文化渗透的工具，而且，是随着互联网的发展颇具创新性的文化渗透工具。当然，反过来说，一个民间的由个人志愿者发起的组织，如果不是符合了美国的战略需要，它也就不会获得资助，也不可能迅速发展，又怎能在全球产生影响呢？

（三）传播霸权与文化霸权

让我们把话题稍微扯得远一点。英国和法国从历史上就是一对"老冤家"，大英帝国称霸世界，法国从来就没有真正服气过，总想有一天取而代之。但是，在第一次世界大战期间，法国不得不放弃了争霸的念头。原因不仅是英法是盟友需要共同对付强敌德国，而是因为英国控制海底电缆，从而成功地控制了世界范围的通信系统。也就是

---

① Oliver Ding："尖峰盘点：全球之声，五年纪事"，http：//www.tedtochina.com/2010/01/24/gvo/。

说，法国在世界范围的通信不得不求助于英国。可想而知，信息传输都要依靠人家，你还怎么跟人家争霸呢？

美国人对此留下了深刻印象。传播霸权是文化霸权的重要组成部分，也是全球霸权的支柱。美国要想称霸世界，那就必须在传播领域获得绝对垄断权。

第二次世界大战一结束，美国就开始追求自己在通讯领域的统治地位。一方面，美国不断谋求自己在太空领域的霸权。1963年，美国成立了通信卫星公司，发售股份，禁止外国购买者。1964年，美国向西方国家提议设置国际电信卫星组织，管理通讯卫星国际传输网络，而这个组织的管理者就是通讯卫星公司。美国在这个组织中拥有60%的股份，有绝对的控制权。[①] 这形成了美国强大的垄断信息传输的能力。另一方面，美国大规模开发电子信息技术，由此产生了影响巨大的互联网技术。

今天，美国又在信息技术和全球互联网领域牢牢掌握着控制权。在一台电脑中，CPU、交换机、硬盘和操作系统等产品的产地并不是美国，但核心技术却被美国牢牢地控制着。任何其他国家的公司想通过并购等方式获取技术，都会被美国以危害国家安全的名义所阻止、拒绝。很多人不知道，美国同样控制着全球互联网网络。网络系统的核心是它的根服务器。虽然互联网全球覆盖，进入千家万户，但是，就像一棵参天大树只有少数主根一样，实际上支撑这个互联网运转的根服务器非常有限。现在全世界一共有13台根服务器，其中有一台主根服务器，剩下的是12台副根服务器。主根服务器自然设在美国，12台副根服务器中的9台设在美国。另外3台分别设在英国、日本和瑞典。英国和日本是美国的盟国，瑞典在北约的军力覆盖范围之内，实际上也是美国的地盘。可以说，世界上互联网络的核心——根服务器完全控制在美国的手

---

① ［法］阿芒·马特拉：《世界传播与文化霸权——思想与战略的历史》，陈卫星译，中央编译出版社2005年版，第106页。

里。这些服务器由一个叫 ICANN 的机构管理，它是一个由美国政府授权的互联网络名和号码分配机构，虽然它自称是一个非营利的私营组织，却是由美国商务部授权。① 也就是说，美国政府实际上控制着这些根服务器。在极端情况下，通过控制域名和号码，美国可以随时在虚拟世界制裁一个国家，消灭一个国家。当然，美国不可能这样为所欲为，但是，美国拥有绝对控制权却是没有问题的。

美国现在是一个传媒帝国，从传统的无线广播到有线新闻再到最新的互联网，美国拥有庞大的传播机构。这里最有代表性的就是美国之音和美国有线电视新闻网（CNN）。美国之音能够用 46 种语言向 70 个国家进行广播。美国有线电视新闻网总部设在美国亚特兰大市，有员工近4000 人，其中海外记者上千人。"CNN 有 40 家海外新闻机构和近 900家附属电视台，在全球拥有 30 多个演播室，同时还有 600 个新闻网点为它提供节目。CNN 以 12 种语言播出节目，全球 212 个国家超过 10 亿的观众通过 16 个有线和卫星电视网络及 12 家网站收看 CNN 和 CNN 国际频道。"②

凭借着占据绝对优势的传播能力，美国可以长期对自己所要针对的国家展开大规模的宣传，进行文化渗透，无孔不入，逐渐影响人们的思想观念。而一旦这个国家出现非正常的重大事件，这些媒体就可以凭借其优势，抢先在第一时间，把美国希望全世界知道的内容传播出去，就像用炮弹覆盖阵地一样，对它所确定的目标国家进行全方位的信息覆盖。这些报道内容中不乏张冠李戴、移花接木、歪曲事实，在国际上丑化这个国家的形象，在该国内造成思想混乱，使该国政府处于被动地位。就这样，通过长期的信息轰炸，侵蚀其文化价值观，削弱其政府的合法性。当然，在形式上，还要保持客观报道的形式。

互联网在这其中的作用尤其重要。

---

① 赵海建："美国巩固网络霸权"，载于《环球视野》，2010 年 3 月 29 日第 285 期。
② 刘笑盈："国际电视的开创者——美国有线新闻网"，载于《对外传播》，2009 年第 7 期。

互联网为美国提供了新的文化渗透方式，如网站、聊天室、博客和网上跟帖等。更重要的是，互联网的信息高速传播为美国的文化渗透提供了一种"本土化"方式。就像前面我们所说的"全球之声"网站，它不必像老式方法那样，通过组织跨越国界，逐渐在当地发展外围组织，它可以完全在美国成立组织，进行运作，从而不受限制，还可以节省大量的资金和人力。而且这种渗透严格说来是难以控制的。一篇文章可以瞬间被无数人转载，即使网页被禁止，改个题目就又会出现在网上。而移动上网技术的出现，更是增加了这种不可控性。

另外，互联网提供了巨大的虚拟空间，传统媒体都可以出现在虚拟空间。书籍、报刊、新闻、影视都可以在这里出现在网上。1970 年左右出生的人都会有这样的记忆，在校园里，一些有条件的学生，在大树下长凳上，拿着调频收音机收听"美国之音"，当然，这些学生只不过想学标准的美语而已。前几年，买一个 MP3，找一个网站下载"美国之音"的音频文件，就可以走到哪听到哪。而短短几年，MP3 就成了旧玩意儿。买一个 MP4，就可以在网上下载你喜欢的影视、音乐、书刊随便看。网络为美国传播自己的价值观念提供了一个多层次、全方位的立体平台。

美国精英对美国霸权的基础自然有着清醒的认识。

2010 年 1 月 21 日，美国国务卿希拉里发表题为"网络自由"的演讲。希拉里提出，"新技术本身不会在自由和进步的过程中选择方向，但是美国会。我们主张一个所有人都可以平等接触到知识和思想的单一互联网。我们认识到这个世界的信息平台将由我们和他人共同打造。""我们鼓励正在以全球互联网倡议形式进行的工作——这是一个由技术型公司、学术专家和社会性投资基金自愿组成的非政府组织推动的，致力于对抗政府要求进行内容审核的项目。"[1]

---

① 王琛元："网络自由：美国国家战略新时代"，2010 年 4 月 7 日，凤凰网（Http：//finance. if. eng. com/news/industry/20100407/2018836. shtml）。

看来，为了维护美国霸权，美国不遗余力地加强以互联网为核心的传播霸权，保证美国的价值观向世界传播，而任何反对美国传播霸权的行为，或者像希拉里所说的，对于任何抗拒"网络自由的力量"，美国都会与之斗争。

真是树欲静而风不止，互联网已经成了国际政治博弈的又一个重要领域。

三 意识形态安全：迫在眉睫的任务

新世纪开始以来，国际政治经济发生了极其深刻的变化。在国内，中国社会主义改革也在进入深水区，经济高速发展，但一些深层矛盾也开始凸显出来。越是在这种情况下，我们越是要在中国特色社会主义理论体系的指导下，把马克思主义基本原理和中国实际相结合，不断探索中国的发展之路。但是，自20世纪90年代以来，国际社会主义运动处于低谷，中国社会主义意识形态不断受到西方文化霸权的冲击，中国的意识形态安全问题迫在眉睫。

（一）何来普世价值

2007年，在中国一些媒体上，掀起了一股"普世价值"思潮，"普世价值"一词在网络中炙手可热。

这里所说的"普世价值"，是指以"自由、民主和人权"为核心的西方主流意识形态，它强调个人至高无上的地位，而健全社会的道德、法律、制度都建立在个人的自主权之上。这一思潮认为，这种普世价值放之四海而皆准，是人类文明的核心，中国的改革开放，就是学习和践行普世价值，回归人间正道的过程。如有学者指出，"改革开放以来中国共产党所走过的历程，就是不断学习和实践人类普世价值的过程"。①
又有学者指出，中国应该从改革走向改制，由利益驱动转向信仰驱动，
"制度的内涵是信仰。这个制度不是别的，正是宪政民主的自由制度！
这个信仰不是别的，正是对自由、平等和人权等普世价值的信仰！"②

实际上，这是新瓶装旧酒，用新话语包装起来的全盘西化。早在20
世纪80年代初，中国就兴起过人道主义热，就是从抽象的人出发来解
释社会和历史。在80年代末，又出现了资产阶级自由化思潮，其中最
著名的代表是电视片《河殇》，该作者认为，中华文明是发源于内陆的
文明，它的躯体是黄色的，是"黄色文明"，而西方是海洋文明，是蓝
色文明，黄色文明已经衰微，黄色文明最终要走向蓝色文明。从今天
看，其作者所使用的文学的、煽情的语言，实际上就是要全面移植西方
的政治经济制度。

在东欧和独联体一些国家的"颜色革命"中，一些活动家和非政府
逐渐引起人们的注意，索罗斯和开放社会研究所不必说了，我们来看看
夏普和爱因斯坦研究所。爱因斯坦研究所并不是著名科学家、和平主义
者爱因斯坦创立的研究所，也不研究自然科学，它研究如何以民主为武
器，通过非暴力的方式推翻政府，尤其是关注青年运动。在推翻塞尔维
亚领导人米洛舍维奇的"颜色革命"中，夏普和美国一个退役军官对青
年学生进行非暴力反政府的技巧培训，"塞尔维亚学生接受了怎样组织
罢工，怎样用记号进行通讯，怎样克服恐惧，怎样动员独裁政府权威等
方面的训练。"③

应该说二十年中国发展的历史已经给出了答案。苏联全盘西化，移
植西方的政治经济制度，结果国家解体，经济崩溃，一直到今天也没有
恢复元气。当年那些纵情欢呼的自由派知识分子，对这个结果也是目瞪

① 党国英："立足民族特色，拥抱普世价值"，发表于《南方周末》，2007年10月25日。
② 刘军宁："从改革到改制：什么决定中国的未来"，载于《经济管理学文摘》，2008年第3期。
③ ［美］威廉·恩道尔：《霸权背后——美国全方位主导战略》，吕德宏等译，世界产权出版社2009年版，第26页。

口呆，一些人甚至后悔不已。而中国根据自己的实际情况，不断探索，有条件地学习西方的经验，逐渐改革完善中国的社会主义制度，中国迅速发展令世界瞩目。一些西方学者甚至提出中国发展的"北京共识""中国模式"。

同样是社会主义国家的改革，却出现了截然不同的结果，历史经验就是，改革不是全盘西化，放弃社会主义，而是社会主义不断完善的过程。

而所谓"普世价值"还是要放弃社会主义，走一条全盘西化的道路。"普世价值"在中国传媒中的风行，在一定意义上意味着以美国为首的西方对中国的文化渗透和文化遏制的加剧。

第一，"普世价值"强化了西方"自由、民主与专制"的话语权，妖魔化中国的形象。

第二次世界大战之后，为了消除社会主义的影响力，美国在突出自己的"自由民主"的价值观同时，将社会主义计划经济模式称之为极权国家。把资本主义和社会主义之争描绘为"自由与专制之间的斗争"，①丑化社会主义制度，打击社会主义意识形态的影响力。在这个话语模式中，美国以人权卫士自居，把自己视为自由民主的象征。而中国这样坚持社会主义制度的国家，则被冠以"极权""专制"国家。中国与美国的国家利益冲突，被转化为独裁专制和自由民主的冲突，黑暗与光明的对立。因此，一旦这种话语模式被接受，中国的任务就是按照美国的标准，不断按照美国的制度改变自己的社会制度，从黑暗不断地走向光明。而中国任何反对美国霸权，维护自己的国家利益、国家主权的行为，坚持适合自身发展道路的行为，则会被看做背离人类文明主流。这些将严重歪曲中国的形象。

第二，以"自由民主制度"削弱中国国家的控制能力，使社会离

---

① ［美］杜勒斯："1956 年 6 月 21 日在基瓦尼斯国际第四次年会上的演说"，选自《杜勒斯言论选集》，世界知识出版社 1960 年版，第 242 页。

心化。

　　按照"普世价值"来建立符合人性的社会制度，本质上就是要移植美国的社会制度。美国的富强源自于它在资本主义世界体系的中心地位，在国际分工体系的高端位置。也正是因为这个原因，边缘国家必须通过国家主导的赶超型发展模式，才能获得真正的发展。而中国60年的社会主义建设取得的举世瞩目的成就，也与这一模式有着内在联系。但是，所谓的"普世价值"故意忽视这一点，把美国的自由市场和民主制度奉为普世的制度，是现有可能的最好的制度，是所有国家通向繁荣的康庄大道。而中国的改革，就是移植这种制度，任何根据中国国情所作的与此模式不同的制度创新，都是误入歧途，任何通过国家主导计划提升中国发展的战略行为，都会看做不与世界接轨，抱残守缺的行为。无疑，这种思想在社会上传播，一方面把西方的社会制度神化、理想化；另一方面丑化中国的现行制度，削弱民众对社会制度的认同，进而削弱中国政府的主导能力，加强美国垄断资本控制中国的能力。

　　第三，以"自由民主"为武器颠覆政府，扶植代理人。

　　自由民主最核心的精神就是对政府权力的制约，让权力维护公民的福利。为人民服务一直是中国共产党和中国政府的宗旨，进行适合中国国情的政治体制改革，完善中国的民主制度，也是改革的重要目标。但是，在复杂的国际政治中，美国巧妙地把自由民主制度对权力的制约能力，转变为利用反对派攻击政府，颠覆政府的武器。而在这个过程中，无不是举着"自由、民主和反独裁"的大旗，从苏联解体到21世纪初不断出现的"颜色革命"，无不是如此。从历史来看，在前社会主义国家中，凡是"自由民主"这样"普世价值"泛滥之时，也是这个国家动乱开始之日。而当喧嚣散尽之后，当地民众会发现，扩大的是美国的地盘，而不是自己的权利，提高的不是自己的生活水平，而是美国在当地的控制能力。

　　"普世价值"在传媒中风波骤起，值得我们深思和警醒。应该说，大多数人对"普世价值"都报有美好的期许，是善良和真诚的，但是，在变幻的国际风云中，防人之心是不能没有的。

（二）中国主流意识形态的自主性面临的挑战

2000 年以来，中国学术界出现了一个新概念——意识形态安全（也有用文化安全）。随着中国加入 WTO，进一步融入世界政治经济秩序的过程，中国意识形态受到了西方文化霸权的冲击。

在中国，意识形态安全所指的是主流意识形态的安全，它包括马克思主义基本原理及其与中国社会主义实践相结合而产生的社会主义核心价值体系。安全实际上是借用国防军事上的术语。在国家层面，安全在过去一般指的国家领土、主权不受外来侵略。意识形态安全实际上就是借用这一术语，指的是一个国家的主流意识形态受到外部冲击，处于不稳定的状态，不断被外来文化侵蚀，无法发挥社会凝聚力的状态。

任何一个生命体都有新陈代谢能力，对于外部环境，它能不断地吸收外部物质，将它转化为自己有机体的一部分，而将无用的东西排出体外，生命体也随着这个过程不断生长壮大。这是一种利用外部条件发展自己，而又不失去自己根本特性的能力，这是一种自主发展的能力。一个生命体生命力旺盛的标志就是这种新陈代谢能力。

意识形态安全实际上是从两个方面来说：一个外来文化的冲击，另一个是意识形态吸收外部文化的能力。中国意识形态安全更深层的问题是自主发展能力的问题。意识形态的自主性表现为在自信、自觉基础上的对本国家生活方式和发展道路的自我认同，它又表现为自我发展能力，是一种既能借鉴外来文化，又能反思自身，提升自身而又不失去自身的能力。具有高度自主性的社会主义意识形态才能发挥出软实力，抵御西方的文化霸权，才能成为中国在资本主义世界体系中不断发展的思想保障。前面讨论的大众文化中的恶搞问题和学术、教育领域中的崇洋问题，实际上显示出来的是中国主流意识形态自主性受到了侵蚀。

提升中国社会主义主流意识形态面临着以下挑战：

第一，社会主义意识形态的理论创新问题。图谋操纵中国的改革进程，把中国纳入美国主宰的秩序，变成他的附庸，是美国意识形态渗透的根本目标。因此，西方总是通过各种方式，把中国的改革开放进程，把中国取得的巨大成就，解释为西化的结果，而把中国出现的各种问题，解释为西化得不够的结果。如何从理论上解释中国在改革开放进程中取得的巨大成就，是意识形态领域争夺的制高点。

就中国现阶段而言，由于国际形势风云变幻，国内也处于高速转型时期，复杂的社会情况也提出了诸多重大的实践和理论问题，例如，什么是社会主义？如何认识苏联的社会主义模式？资本主义和社会主义的根本区别是什么？公有制在社会主义中的地位是什么？中国特色社会主义道路的独特性依据是什么？如何认识社会主义理论与实践的巨大反差？在传媒高度发达的现代社会，对这些问题的争论已经在以互联网为代表的传媒中展开了。而社会主义意识形态的任务就是要能够高屋建瓴地回答这些问题，保证中国在正确的发展方向上继续前进。而要对这些问题进行回答，一方面，要继续对经典理论进行深入研究；另一方面，又要在前人的基础上，根据社会历史最新的发展、最新趋势中所展现出来的历史发展的内在逻辑，对世界范围的经济、政治社会的本质结构、运行规律和发展趋势进行深入研究，并把中国的发展放在这个进程中，认真研究，揭示未来发展趋势，获得解释当代核心问题的话语权。

第二，文化生产力的市场转型问题。文化产品是意识形态传播的重要载体。提起美国的意识形态输出，人们首先想到的是风靡世界的好莱坞大片。以好莱坞为代表的大众文化产业以喜闻乐见的形式，通过商业运作，展示着美国的价值观和生活方式。美国走的是以文化产业占领文化市场，经济与文化紧密结合。

在中国传统的计划经济中，文化的功能主要是教育和满足人民不断增长的文化需要。文化产品也是计划经济的模式，产品不是针对市场，而是服务于国家路线、方针和政策。所以，文化创作者的创作是对上而不是对下。这样的优势是不必考虑市场压力，可以创作文艺精品，但更多情况下是为了完成政策的解释和宣传品任务。

随着中国的文化体制改革，中国也开始通过做大文化产业，占领文化市场，提高文化生产力，与西方文化竞争。但是，中国的文化生产又走向另一个极端，忽视文化的教育和意识形态职能，过度迎合市场，出现了庸俗、低俗和媚俗之风。这反而对中国主流意识形态产生冲击。如何在市场机制下生产文化产品，传播主流意识形态，是提升中国意识形态自主性面临的一个重要问题。

第三，意识形态传播的市场机制问题。意识形态传播的市场机制问题也是提升中国意识形态面临的重大挑战。意识形态要转化为生动的故事、形象，通过大众传媒走进千家万户，为人们喜闻乐见，它才能真正成为社会文化的引导性力量。但是，在市场机制下，媒体逐渐走向市场，通过收视率来吸引广告获得高收益，成为媒体生存的根本。在市场竞争的压力下，商业利益成为媒体生存决定性因素。这样，在大众传媒中，就出现了迎合低俗和庸俗的趋势。而主流意识形态的传播受到了一定的影响。例如，在电视节目中，收视率成为最重要的指标，电视频道实行末位淘汰，收视率差的栏目会取消，收视率低的节目会被腰斩。这样，思想性、教育性的栏目就会处于非常不利的地位。即使一些专门的教育频道，也不得不用一些明星访谈之类的节目吸引眼球。思想和教育节目往往会放在收视率低的时段。而涉及主流意识形态的节目，只有在特定的时间，如国庆节，才会大规模的宣传、播放相关节目，在这之后又迅速恢复到以收视率为中心的商业化操作。

这种情况影响了中国意识形态传播的整体性和连续性，创新市场条件下的意识形态传播机制成为提升意识形态自主性的另一重要任务。

第二章

网络时代的文化多样性

　　文化的外在表现形态，是纷繁复杂的文化符号体系，各种各样的文化产品构成了文化大厦的外观，而在文化产品的背后则是文化的核心意义，即特定的文化价值观。文化的生产、传播、授众，归根到底是文化价值观的流通过程。互联网的产生，为文化生产和传播提供了直接便利的平台，人人都可以利用这个平台发表自己的作品，阐述自己的意见，表达自己的价值观。文化产品的多样性和文化价值观的复杂性成为网络时代不可回避的现实。

一　文化产品①裹着的硬核：特定的文化价值观

　　一般而言，文化产品有两个维度，一个是要具有艺术性，符合文化规律；另一个是要具有思想性，因此，在一定意义上来说，文化产品都是通过一定文化艺术形式表达特定的世界观和价值观，特定的价值观是文化产品的硬核。在现代社会进入消费社会以来，文化和意义消费在商品消费中占有越来越大的比重。而以市场取向的大众文化产品更是如此，不仅满足了大众世俗需要，还承担着意识形态职能，是现在社会主

---

　　①　文化有不同的类型，如主导文化、精英文化、民间通俗文化和大众文化等，这些文化都有自己的文化产品，本节讨论的主要是大众文化产品。

流意识形态的重要支柱。

（一）商品中的文化消费：买"耐克"还是买"李宁"

如果手上不缺钱，面对着"耐克"和"李宁"两个牌子的运动鞋，人们会买哪个呢？

不用说，大多数人，尤其是年轻人大都会买"耐克"牌子的运动鞋。当然两个牌子之间的性能会有些差别，但是，这不是最主要的。最主要的原因就是人们常说的品牌。大家都知道，很多名牌运动鞋都是在广东珠三角地区制造出来的，鞋造出来时没有什么大的差别，差别就在于贴上什么样的品牌。制鞋的过程利润很小，贴上牌子之后的利润差别却非常巨大，品牌给鞋子带来了高附加值。实际上，鞋卖的是牌子。

这是大众消费时代商品的消费特征，一方面，人们使用商品，消费它的使用价值；另一方面，人们也消费它的文化和意义，而且，后者占的比重越来越大。

消费商品中的文化意义是工业社会的产物。在传统社会，也存在商品的品牌，消费有品牌的商品往往是上流社会的习惯，以此来显示自己的身份，是一种炫耀式消费。而一般老百姓没有能力进行这种消费，也不看重商品的品牌，而是实实在在的生活之需。很多40岁以上的人还会有些记忆，在中国20世纪六七十年代，尤其在农村，人们的品牌观念并不强。那时候是由供销合作社来供应日常用品，像白酒、酱油、醋、酱和香油等，都没有漂亮的包装和代言人，有些是瓶装的，更多的是用大缸装着，贴张标签，注明厂家和生产日期。买东西的人一般都自己带着瓶子之类，买多少，售货员就用勺子从缸里舀多少，灌到瓶子里，在当时人们管这叫"打酒""打酱油""打醋"，人们都知道自己买的是什么，但是，我敢肯定几乎没人知道这些东西是什么牌子的。那时候，人们知道山东莱阳的梨、西湖龙井、信阳毛尖、舟山的带鱼、东北的山珍、吐鲁番的葡萄干等，知道这些商品是干什么用的，知道它们是哪里产的，但是，有谁知道它们的牌子呢？

重视品牌、重视商品中文化内涵是现代消费社会的产物。随着生产力的高速发展，现代社会生产出了丰富的物质产品，实际上已经超出了人们生活的正常需求。但是，在市场经济条件下，生产与消费必须保持均衡，生产的产品必须卖出去，这时资本和利润才能实现，资本积累才能完成，资本的循环才能再次开始。因此，必须刺激出消费的需求，必须制造出消费者，把这些商品销售出去。这时，广告和商品的品牌上升到重要地位，商家要通过广告告诉你，你消费的不仅是某种商品的实际用途，而是一种精神、一种品位、一种地位。也就是说，商品中包含着一种文化象征意义，消费这种商品，你就分享了这种文化象征。这样，同类产品之间的品牌竞争就不仅仅是性能之争，更是产品的文化象征意义之争。通过独特的文化象征意义，商家让自己的产品从众多产品中突出出来。

经济学家郎咸平从企业运营的角度分析了现代社会商品的这种特征。他用金字塔比喻商品的结构：第一层是作为物质的商品；第二层是商品的功能，如漂亮的外观、舒适等特征；第三层是产品的精神，就是产品所象征的那种精神特质。[①] 而所谓品牌，自然包括产品的优良的性能，时尚的外观，但更重要的是它所代表的精神。广告的作用也不是简单地介绍产品的功能、作用，也不是介绍生产厂家的地址和联系方式，而是不断地、潜移默化的让你知道，并且不知不觉地接受这种产品所代表的精神和格调。

美国的"耐克"在中国消费市场上已经超过了中国的"李宁"，其中重要原因是在产品的象征意义上战胜了李宁。一提起"耐克"，人们会不由自主地想起那些体育巨星，尤其是飞人乔丹的画面，乔丹运球、加速、起跳，在空中飞行，然后一记重投，满场沸腾，乔丹回头看着

---

① 郎咸平：《郎咸平说全集》，东方出版社 2009 年版，第 61 页。

你，"Just do it"的广告语打上屏幕。"来吧，想做就做吧，释放你的能量！"这就是飞人乔丹形象所要传达的精神意蕴，也是"耐克"这个品牌所代表的精神。而且，耐克公司在不断维护这一品牌，一出现新的体育巨星，立即就会成为其商品代言人。

而"李宁"品牌的弱化的一个重要原因就是"代言人"弱化了它所代表的体育精神。在80年代，李宁的名字家喻户晓，有"体操王子"的美誉，在1982年第六届世界体操赛上，在7个个人项目上独得6项冠军，创造了一个奇迹，1984年洛杉矶奥运会是中国参加的第一次奥运会，在裁判有意压制中国队的情况下，李宁仍然夺得三枚奥运金牌。李宁本人也长得清秀俊朗，不管比赛情况如何，面对观众，永远面露微笑。在当时的中国人心中，"李宁"这个名字本身就代表着青春、希望、奇迹和梦想。但是，"江山代有才人出，各领风骚数百年"，时光流逝，"李宁"这个名字在人们脑海中逐渐淡去，可是"李宁"牌并没有找到真正的新的代言形象。2003年，李宁公司曾经与当时中国的"足球先生"李铁签约代言，但是李铁后来在英超默默无闻，甚至连上场比赛的机会都不多，这些自然会影响"李宁"品牌所象征的体育精神。[①]

人们往往通过消费品牌营造的"精神"来确证自己的身份和社会地位。这就是为什么买"耐克"而不是买"李宁"的深层原因。

在现代工业社会，各种日常生活用品都有各自不同的品牌，每种品牌都是一种文化象征，代表着一个"梦"，不同的品牌形成不同的档次。过去的奢侈品如金银珠宝能够显示穿戴者的地位和身份，现代社会这种现象并未消失，现在只是通过消费不同的品牌象征着不同的阶层。如果说过去通过金银的数量来显示身份，那么，现在，消费者则是通过品牌所象征的"精神"、"品位"和"格调"来显示身份，确证自己在特定的社会、特定阶层中的地位。所以，商品中被赋予的文化意义的结构与

---

① 郎咸平：《郎咸平说全集》，东方出版社2009年版，第254页。

社会的物质结构有一定的对应。

当然，品牌的档次往往与金钱的数量相对应，但是，这二者并不完全相同。每一种品牌都针对社会中特定的群体，营造一种"精神"和"品位"。一个真正属于这个特定阶层的人能够自然而然地区分这些微妙的区别，能把显示自己阶层的品牌在自己身上巧妙地协调起来。而这个阶层以外的人，如果不了解这些"品位"和"格调"，即使花上再多的钱，也只能越发说明，自己是另外阶层的人。

在现代社会中，品牌由低向高形成不同的档次，人们也是按照自己所消费的品牌来确定自己在社会中的位置。地摊上的杂牌运动鞋、李宁运动鞋和耐克运动鞋三种牌子的运动鞋代表着不同的社会地位。这就是为什么不缺钱的时候，很多人买名牌的原因。而一些人也会因为自己穿着打扮不够档次，见到满身名牌的人，会不由自主地自惭形秽。

大众消费时代，通过商品中的文化消费，人们会不知不觉地认同这个社会的现存结构，商品消费中渗透着浓厚的意识形态因素。

（二）文化产品中的意识形态：《壮志凌云》和美国军国主义

如果一般商品中的文化消费中都包含着意识形态的因素，那么，文化产品所渗透的意识形态就不言而喻了。特定的价值观是大众文化商品的硬核，大众文化产品实际上就是通过一个吸引人的故事来传播某种价值观。但是，在大众文化产品满足人的精神娱乐需要的时候，人们往往忽视了其中的特定价值观。

1986 年，好莱坞拍摄了一部名叫《壮志凌云》的电影，由英俊小生汤姆·克鲁斯主演。电影讲的是一个美国海军飞行员几经沉沦，最终成为一名美国飞行精英的故事。这是一个比较老套的青春励志故事，并没有新意。但是，好莱坞的电影工业还真不是浪得虚名，通过精选的演员阵容，宏大的场面，极具冲击力的高科技特技效果，再加上娴熟的人物塑造方式和叙事结构，电影拍得风生水起，煞是好看！

在这部影片中，美国飞行员们驾驶战斗机疾驰在蓝天白云中，时而相互追逐，时而紧贴地面呼啸而过，时而翱翔在万米高空。放眼望去，高山大河，壮美的朝阳晨曦，落日余晖。影星汤姆·克鲁斯扮演的男主角身穿戎装，英姿飒爽，与女教官的爱情缠绵悱恻，再加之一曲《带走我的呼吸》（Take my breath away）美妙音乐，使得影片具有巨大的感染力和冲击力。这部影片是美国好莱坞文化工业产品的代表作，这部电影横扫电影市场不说，汤姆·克鲁斯也从此大红大紫，插曲《带走我的呼吸》成为英文金曲，在全球传唱，在中国，歌迷们对这首歌也很熟悉，而美国军人成了少男少女的偶像。据说，在这部影片播出后，主动入伍服兵役的美国青年人数大增，这部片子也被称为一部成功的征兵广告。

但是，也许很少有人知道，这部影片却完全是一部为美国扩张战略、为美国军国主义服务的影片。

越南战争失败之后，美军溃败退出越南，元气大伤，国内反战思潮兴起，美国军队的形象一落千丈，而与此相反，苏联趁此机会在全球扩张，其势咄咄逼人。1984年，美国总统里根上台，面对苏联咄咄逼人之势，他改变了美国的缓和战略，决心要振美国的霸权，重新树立军队的崇高地位，要与苏联展开全面直接对抗，遏制苏联的扩张。但是，越南战争失败之后，美军败出越南，军队的形象一落千丈。美国总统里根决心通过大众文化传播，通过编造感性化的故事，潜移默化地影响受众，提升美国军人和军队的形象。《壮志凌云》就是在美国海军的资助和大力协助下应运而生了。

这部电影美轮美奂的画面把美国发动的战争和美国的军事力量理想化了。美国学者安德鲁·巴塞维奇认为，"这部电影挑战了至少三个当时流行的'真相'。"① 第一个"真相"，战争是艰苦的，环境是恶劣的，战争中的士兵往往衣衫褴褛。第二个"真相"，战争是地面、丛林中艰

---

① ［美］安德鲁·巴塞维奇：《美国新军国主义》，葛腾飞译，华东师范大学出版社2008年版，第102页。

苦危险的厮杀。第三个"真相",美国发动的战争可能是错误的。

美国的这部电影是在资本和政府的力量的双重作用下产生的,这个影片渗透着美国式的个人英雄主义和军国主义,是一部完完全全宣传美国"主旋律"的电影。

一个社会的主流价值观不是抽象存在,而是内化在大多数社会成员的意识里。在文化产品的生产中,这些主流价值观就会有意无意地渗透在文化产品中,并且在这个过程,不断强化这一价值观念体系。

像《壮志凌云》这样的电影并不是特例,我们再看一部并不是特别突出主流意识形态的电影《龙旋风》。

《龙旋风》是由中国香港著名影星成龙主演的一部好莱坞大片。在过去的好莱坞大片中,华人的形象差不多都是猥琐和邪恶的。随着中国的经济发展,中国的电影市场潜力巨大。为了保证在中国电影市场的票房,好莱坞开始挑选在华人中有影响的中国影星作为主演,并按照其风格编剧,量身定做。这样,华人在电影中的形象开始改变为正面形象,人物性格也变得丰满。但是,影片中渗透的美国主流意识形态却没有任何变化。

《龙旋风》讲了这样一个故事。清朝一位格格被英文教师安德鲁拐骗到美国新大陆,向清朝皇帝索要赎金。清朝皇帝派出三名大内侍卫高手带着赎金前去救人,成龙就扮演其中一个侍卫,一起去的还有这个侍卫的叔叔,是个翻译官。在美国内陆的火车上,几个人遭遇车匪,老翻译官被打死,成龙扮演的侍卫与同伴失散,独闯美国西部。他先遭遇印第安人,后又结识了曾经抢劫他们的车匪,逐渐成为好友,两人一起闹出许多笑话,还被西部警长追杀。最后终于救出格格。然而,电影结尾却是,格格再也不愿回到中国,成龙扮演的侍卫获得爱情,与格格留在了美国大陆。

这个电影实际讲述的是一个追求自由的美丽姑娘和勇敢的小伙子最终抛弃压抑人性的东方文明,投入西方文明怀抱的故事,或者说,讲述的是一个自由的西方文明最终战胜了没落的东方文明的故事。这部电影渗透着一种"帝国"心态,即美国人民是上帝的选民,美国是自由的土地,美国的制度是最美好的,而与美国不同的社会制度都是愚昧的、落后的,最终要融入美国的文明。电影观众们在光影的幻觉中,在刺激的情节中,不知不觉间接受了美国的这种"帝国"观念。

(三) 大众文化与主流意识形态

前面讨论了好莱坞的两部商业电影是美国大众文化的代表,大众文化还包括其他形式,如电视、新闻、广播和通俗小说等。"大众文化是反映工业技术和商品(市场)经济条件下大众日常生活、在社会大众中广泛传播、适应社会大众文化品位、为大众所接受和参与的意义生产和流通的精神创造性活动及其成果。"[①] 就大众文化的经济基础、技术基础和意识形态来说,大众文化在现代社会兴起是必然的。大众文化与主导社会意识形态的精英文化还是有区别的。大众文化不同于精英文化,精英文化是由专业知识分子所生产的文化,包括学术研究和高雅艺术,这种文化严谨,具有非常强烈的主体反思性和创造性,代表了一个社会学术和艺术的最高水准。同时,大众文化也不同于一个社会的主导文化,主导文化的创作者一般就是一个社会的统治阶级,直接为统治阶级的统治地位进行合法性论证,具有极强的政治性和强迫性。精英文化和主导文化都是由上向下来传播。与此不同,大众文化是一种具有大众性、日常性、娱乐性和商业性的文化,它表现大众的日常生活琐事,为大众喜闻乐见。

还有非常重要的一点,大众文化具有意识形态特征。在现代社会,大众文化成了维持和支撑主流意识形态的重要的力量。美国的大众文化出现较早,文化产业比较成熟,在这方面非常有代表性。前面所讨论的

---

① 金民卿:《文化全球化与中国大众文化》,人民出版社 2004 年版,第 167 页。

两部美国好莱坞商业电影，就很好地体现了这一点。但是，与人们通常所想象的不同，美国大众文化传播主流意识形态并不完全是自发的，而是美国利用一定的机制引导、控制的产物，或者说，大众文化是处于主导文化的"软控制"之下。

"自由"是美国文化的核心理念，而言论和新闻自由是自由的重要体现。因此，在中国有一种错误的认识，认为美国的言论是不受限制的，只要不违法，你说什么都可以，而美国大众文化的生产者都是私有企业，因此，也是完全自由的。这是一种比较天真的想法。对于大众文化，美国的相关部门通过巧妙的控制，够隐蔽地引导大众文化，让它构建、传播美国的主流意识形态，在世界上传播美国的价值观和生活方式，传播美国的"伟大形象"。我们还是以具有代表性的电影为例。

20 世纪 50 年代，美国成立电影服务处（Motion Picture Service），电影服务处"通过美国新闻署驻 8 个国家 135 个工作站，手中握有一个庞大的发行网。它依靠政府拨给的经费，实际上已经成为'制片商'，拥有电影制片厂和一切必要的东西。"[①] 也就是说，美国政府通过这个机构按照自己的需要生产电影。

同时，美国中央情报局也对美国电影生产进行暗中操控，让它为美国的文化战略服务。例如，中情局特工卡尔顿·艾尔索普（Carleton Alsop），以制片人和经纪人的掩护身份在派拉蒙公司工作，定期为中情局和心理战略委员会撰写"电影报告"，主要目标就是如何在国际上树立美国的完美形象。在一份名为《电影中的黑人》的报告中，卡尔顿·艾尔索普建议一些导演，在电影中安排一些衣着考究的黑人，在表现南方种植园的黑人时，让黑人在重要的政治人物家里做高贵的黑人管家，并通过对话。表明他是一个自由的人，可以做他喜欢的事。[②] 这样，淡化

---

① ［英］弗朗西斯·斯托纳·桑德斯：《文化冷战与中央情报局》，曹达鹏译，国际文化出版公司 2002 年版，第 327 页。

② ［英］弗朗西斯·斯托纳·桑德斯：《文化冷战与中央情报局》，曹达鹏译，国际文化出版公司 2002 年版，第 328 ~ 329 页。

美国的种族矛盾，减轻黑人问题在国际上的负面影响，让人们看到，美国的生活充满阳光。

就是通过这种暗中操控，美国的制片人和编导逐步接受了中央情报局的好莱坞模式，形成了现在的好莱坞风格，娴熟的资本运作，精彩刺激的故事和情节，惊人的票房，同时，又总是符合美国的"主旋律"，成为输出美国文化的重要工具。

当然，这里讨论美国政府引导大众文化为美国的意识形态服务，并不是要否定大众文化要承担意识形态传播的任务，也不是要否定政府通过特定机制引导大众文化，因为大众文化的这些特征在现代社会都是共同的。重要的问题是大众文化要传播什么样的意识形态。美国的问题在于，它是通过隐蔽的政府引导，把美国的大众文化作为战略工具，向世界输出美国的价值观，实行文化帝国主义，控制其他国家的发展，把它们纳入美国主宰的世界秩序。

以美国为代表的西方国家实行的是市场经济，强调的是个人和企业的自主和自由，因此，代表统治阶级政权利益的主导文化是以隐蔽的形式引导、控制精英文化、大众文化还有民间自发的通俗文化。与此不同，1949 年新中国成立以后，中国建立了社会主义基本制度，主要特征是公有制和计划经济，这是高度一体化的由上至下运行体制，与此相适应的中国文化体制也是一个由上向下传播的体制，其功能就是教化、动员和宣传，把社会主义意识形态迅速传播到社会的任何地方。中国的社会主义制度代表了社会绝大多数人的利益，中国的文化领域的控制从来不像西方那样遮遮掩掩，由中宣部和文化部这样的专门部门管理意识形态和文化，精英文化和民间文化都被置于社会主流文化的领导之下。

改革开放以来，中国的社会结构发生了深刻的变化，建立了社会主义市场经济，形成了以公有制为主体、多种所有制共存的格局，形成了不同的利益集团，出现了多种利益诉求和相应的价值观。如何用社会主义核心价值体系引导不同的价值观，形成中国各阶层、各民族都认同的社会共识，提升主流文化的凝聚力和引领力，是中国文化发展中的一个重要任务。而中国的大众文化也是在这一时期兴起，成为一种非常重要的文化形式，对平民百姓的日常心态和社会心理都产生着重要影响。更重要的是，互联网的发展与此几乎是一个平行的发展，互联网的极其突出的参与性和互动性对传统的大众文化也发生了深刻的影响。也就是说，就大众文化与主流意识形态的关系中出现的各种问题，在西方是逐渐、依次出现的问题，在中国却是同时出现，再加之外部有战略意图的文化渗透，中国主流意识形态面临着空前复杂的局面。如何加强主流意识形态建设，建设行之有效的引导机制，是我们面临的一个难题。

二 五花八门的网络形式：挡不住的新生代文化产品

互联网创造出的虚拟空间，为文化产品提供了新的展示平台，传统的文化产品经过数字处理，都可以出现在虚拟空间，如网络音像、网络游戏、网络艺术品、网络动漫、网络书籍，等等。人们可以通过客户端下载到个人电脑、手机之中，随时浏览阅读。更重要的，新的信息技术为普通人提供了发表、交流自己文化作品的渠道，也为这些文化产品创作提供了新的手段，深刻地改变了文化作品的内容和形式，创造出了丰富多彩的新生代文化产品。

（一）网络文学：人人都可以成为作家

现在有实力的年轻人都首选金融、经贸作为职业，巴菲特、索罗斯和比尔·盖茨是他们的偶像。而20世纪七八十年代，中国正处于"文学热"中，许多人的目标都是成为作家、诗人，北大中文系是很多高材生的目标。那时候，如果一个人在报刊上发表一首小诗，一篇小小说，都会欣喜不已。作家和诗人终究是少数人，既要有人生阅历，又要有丰富的情感，还要有锲而不舍的精神，当然，还要有些运气，并不是谁都能当的。当时有一部名叫《魔鬼词典》的书，其中有个词条，说什么是编辑，就是那些自己写不出文章，也不让你发表文章的人！这个词条真是说出了无数文学爱好者的心声，这些编辑冷冰冰的守在文学殿堂的门口，进去太难了！

今天，互联网改变了一切，只要你喜欢写作，你就可以在网上发表你的作品，让成千上万的人欣赏你的作品。网络文学有一句口号，人人都可以成为作家。

1991 年，第一家中文电子期刊《华夏文摘》在北美创刊，其内容是选登关于中国的各种新闻评论和中文小说、散文和诗歌，其目标是加强在北美留学的中国留学生之间的联络。笔名少君的作者在这个周刊上发表的《奋斗与平等》，这是全球第一篇中文网络小说。[1] 1992 年，美国印第安纳大学的留学生魏亚桂在该校系统管理员的协助下创立"互联网新闻组 alt Chinese text"，是采用中文剪贴的新闻组，简称 ACT。《华夏文摘》既选登 ACT 上的发帖，又把 ACT 作为发行阵地，二者相互借助，声名鹊起。[2] 中国留学生在这个虚拟空间发表了大量的小说、诗歌和散文，书写异国经历，抒发乡愁，这些文学作品的作者大都是学习理工科的学生，其作品也是率性而为，随写随贴，虽然粗糙，却全是发自内心之作，其中也不乏奇思妙想，神来之笔。在这之后，出现了大量相类似的网络杂志。这时的网络文学也基本是栖身于各大学的 BBS、新闻组、社区之中。这时的网络文学最能体现它的真实面目。

1997 年，美籍华人朱威廉在上海创立了"榕树下"网站，网络文学原创网站进入专业化时代，在这之后，如雨后春笋，出现了天涯、清韵、幻剑数盟、诗江湖、起点中文网、红袖添香、乐趣园等数不胜数的网络文学网站。同时，也出现了大量的网络作家。台湾的蔡智恒

---

① 刘志权："网络文学"，载于《长江师范学院学报》，2009 年第 5 期。
② 黄发有："从宁馨儿到混世魔王——华语网络文学的发展轨迹"，载于《当代作家评论》，2010 年第 3 期。

（痞子蔡）的网络言情小说《第一次亲密接触》在网络上走红，1998年这部小说正式出版。网络文学由此浮出水面，引起人们的关注，更重要的是，这标志着资本与网络文学开始发生联系，传统的大众文化商业运作开始影响网络文学。网络文学网站开始出现了网络签约作家，网络流行的作品被出版，然后制作影视剧、开发游戏。同时，传统文学也开始正视网络文学，这不仅表现为网络文学不断出版，也表现为"作协"（即中国作家协会）这样的传统组织开始吸收有影响力的网络作家。而一些知名作家也开始和著名的文学网站签约。2008年，由中国作家协会指导、中国作家出版集团和中文在线共同主办了"网络文学十年盘点活动"，担任评审的是传统文学期刊的编辑和评论家。这标志着传统文学对网络文学的认可。

网络文学最大的特征就是自由。网络文学作品的作者最初都不是专业作者，而是写作爱好者，其作品更多的抒发自己的情感，显示自己的才华，甚至是玩一玩。早期网络文学的代表人物图雅最突出地表现了这种特征。图雅1993年上网，一直匿名写作，没有人知道他的真实姓名，1996年离网，从此就再也没有出现过。大有神龙见首不见尾的感觉。图雅这个名字本身就有涂鸦的意思，从图雅写的作品可以看到，他在美国留学期间，为了生存，既要完成学业，又要打工挣钱，再加上其他杂事，劳碌不停。奔波之余，信手涂鸦，在键盘上打出一片自己喜欢的玩意儿，也许是他最快乐的事情。在这种隐身、即兴、自由、非功利的写作状态中，图雅居然写出了几十万文字的作品。他的作品没有过多的渲染和雕饰，文字简洁明快、议论机智诙谐、故事活色生香。图雅的作品成为网络文学中的精品，他也成了网络自由创作的传奇。

不管什么文学都是需要才华的，像图雅这样的传奇人物自然是特例。如果说图雅的自由表现在天马行空的创作状态上，那么，更多的网络作品的自由表现在作品的内容上。网络文学作者使用的都是假名字，这些名字掩盖了作者的身世身份，也把作者从各种社会束缚中解脱出来，而且，网络没有传统文学编辑把关，因此，网络作者可以自由的，或者说毫无顾忌把自己的作品上传到网上。这些作品有传统文学的题材，有神奇的盗墓故事，也有纯粹娱乐性的"玄幻"小说，这种小说把武侠、神魔、神话、魔幻和电脑游戏糅杂在一起，创造出一个与真实世界完全不同的虚幻的世界。网络文学无所不包，庞杂无比。

网络文学与传统文学最大的不同，也是最突出的表现为"超文本"小说的出现。在我们上网时，网页上的文本中有一些词语、符号通过颜色或下划线的标识，只要鼠标一点这些词语或符号，我们就会被带到另外的文本中，这就是超文本链接。

在印刷的传统的文学作品中，作品都按照时间、事件和逻辑的顺序安排好章、节、目，读者就是按照这个目录阅读、欣赏作品，即使读者不按照顺序读，但是书的内在结构是不变的。即使是那些试图打乱传统时间和逻辑顺序的后现代小说，作者的思路和逻辑也是不变的。但是，网络超文本小说的出现，完全颠覆了传统小说的形式。1987年，美国作家麦可·乔伊斯发布了第一部超文本小说《下午，一个故事》，作者在小说中设置了大量的超文本链接，在这之后，超文本小说大量涌现，成为网络文学中最重要的新景观之一。有了超文本链接，读者在阅读小说的时候，就可以打开文本链接，离开文本，进入新的文本，在新的文本中，又可以打开链接。这样，在超文本小说中，小说的结构就不像传统小说那样，只有一个结构，而是随着读者的不断选择，不断生成小说的结构。由于文本链接排列组合是多种多样的，不同的人读到的内容是不同的，即使是一个读者，读的时间不同，选择链接也会不同，读到的内容也是不同的。在超文本小说中，小说的内容和结构是开放的，而读者在选择链接的过程中，也在创造新的小说，读者的参与性被无穷地放大了。

这种超文本小说很像小孩子玩的堆积木游戏。作者只是提供了大量的文学积木，读着通过超文本链接随意把这些积木堆成自己喜欢的东西。但是，在这里，我们已经很难说这是文学艺术还是文字游戏了。

也许，这就是人们所希望的颠覆和狂欢吧！

（二）博客：向世界发出你的声音

"还不太适应……等等我……适应适应"。

这句话看起来莫名其妙，谁也不知道要说什么。这是一篇博客文章，题为"难道我的博客生涯也要开始了?!"是影视圈中著名才女徐静蕾在新浪网发表的第一篇博客，时间是2005年10月25日。当时，新浪网开辟了大量的名人博客。112天之后，徐静蕾的博客点击量已经超过了1000万。现在，徐静蕾博客的点击量已经超过了2亿，成为全球最受关注的博客。徐静蕾的博客是中国博客热的一个代表。

徐静蕾的博客里都写了什么呢？我们就选取2008年2月发表的部分博客文章，这些篇目是："没有什么可以阻挡（老照片一张）"、"狗尾巴草"、"我家唯一的小屋"、"鸡汤和代沟（我和猫咪照片一张）"、"日记（2008年2月12日）"、"情人节快乐!"、"批发市场里得不到一克拉的钻石"、"香港照片发送"等。[①]

在这些文章标题中，大部分内容一目了然，唯一有些文学性的是"狗尾巴草"这篇博文。这篇博文不长，几段文字，只是些心情和随想而已。

博客实际上是网络上的一个公共的私人空间。一篇博文一旦上传到博客上，它就会被不同的人看到，被不同的人所评论，有夸奖的，也有谩骂的。博客既是私人的，也是共享的。博客在这一点上继承了传统日记的某些特征。日记并不是简单地记录下生活中的琐事，而是一个人最私密的精神空间，说的再玄一点，是一个情感丰富的人的精神家园，他会把自己在生活中被压抑的爱恨情仇全部倾诉在日记里。但是，一旦这

---

① http://blog.sina.com.cn/s/articlelist_1190363061_0_5.html。

些情感写在日记里，它也成为"公共"的了，任何人打开，就可以看到一个人心理最深处的秘密。所以，在生活中才会不断发生母亲不断偷看十几岁女儿日记，以此来了解女儿内心，而女儿则到处藏日记，保护自己的秘密这样的小喜剧。而在一般的同学、朋友和同事中，偷看日记也成了最让人忌讳的事情，最伤感情的事情。

博客作为公共的私人空间，它的私密性几乎消失了，而它的公共性则无限放大了。同样是个人的情感空间，对传统的日记来说，正是不希望别人知道，又想倾诉，这才记在日记本上，实际上日记本是一个又能静静地倾听，但又绝对不会泄露秘密的"朋友"。而与此正相反，对博客来说，正是因为希望别人知道，希望引起别人注意，希望与别人一起分享，这才写博客。

博客的兴起就是满足了人们要发出的声音，引起别人关注的这种愿望。

1998 年，美国总统克林顿和白宫助理莱温斯基发生了性丑闻，被戏称为"拉链门"。在这件丑闻中，还发生了另外一件事情，成为传播史上划时代的事情。当各大通讯社的记者把这个丑闻写成新闻稿，发回所属的各大新闻机构，这些新闻机构又通过电台、电视、报刊、新闻网站播放的时候，一个叫马特·德拉杰的美国人在自己的博客网站上第一个发布了这个消息。他的博客访问量从 900 人次激增到 12300 人次。[①]更重要的是，他让人知道了"博客"这种新的网络文化形式，一种在无线电广播、电视、新闻网站和 BBS 之后新的文化传播方式。这种传播方式最重要的一点，就是个人也可以通过博客，像那些大的权威新闻机构一样，直接向世界发出自己的声音，让世人倾听自己的声音。

北京大学孔庆东教授认为，博客开创了一种打通雅俗的新文体。宋元时期兴起的话本小说和"五四"时期兴起的随感杂文都是博客可以辨

---

① 钱秀吟："博客——大众文化时代泛文学化写作"，载于《文艺评论》，2007 年第 6 期。

认的前身。宋元话本起源于民间艺人说书表演，地位极低，但是，却由此产生了四大古典名著，被后人视为文学经典。"五四"运动初期，《新青年》开辟了"随感录"栏目，出现了任意而谈，无所顾忌的杂文，并成为无可否认的一种平民化的文体形式。①

博客把这种平民化写作的方式推至极致，而且是颠覆性的。宋元话本和"五四"随感杂谈打破了当时所谓的雅文化形式，并逐渐上升为雅文化的一部分，但是，在这个由俗向雅发展的上升过程中，起推动作用不是平民，而是精英知识分子。四大名著的作者可能无官无职，但其才情绝对是知识分子中的佼佼者，而鲁迅、林语堂这样的杂文家更是知识分子中的大家。即使现在，报刊上杂评也不是谁想写篇杂文就能够发表的。而博客的颠覆性就在于，它不是由精英知识分子推动的平民化写作，而真正是平民写作。不管你的身份地位，不管你的兴趣爱好，不管你的知识水准，只要你愿意，只要你有兴趣，弄个名字就可以开博。而且，现在你不开博都难，只要你一打开自己的电子邮箱，网站就在那催着你开博，一切都准备好了，只要你鼠标一点，就也是博主了……

博客的门槛非常低，只要一台联网的电脑就可以了，而博客的发表几乎没有任何技术限制。这给了平民百姓发表自己的观点提供了极大自由，形成了巨大的虚拟公共空间。针对各种社会现象、事件，人们可以通过博客，立即发表自己的意见、看法，同时，也会到自己喜欢的博客中寻找问题的答案，并且在喜欢的博客中留言，与博主交流，还有互访。在比较有名的博客中，访客留言可以达到成百上千。在一些专业性、知识性较强的问题上博客像知识分子的沙龙，三五知己随意而谈，交换意见，可以不受时间、地域和工作的限制。而一旦涉及社会上的敏感问题，博客就有了广场特征，群情激愤不可遏止，甚至很难理性地探讨问题，往往是党同伐异，一旦少数人提出异议，顿时就会被大多数人

---

① 孔庆东："博客：当代文学的新文体"，载于《文艺争鸣》，2007年第4期。

的痛骂声淹没。当然，这里自然免不了低俗下流、流言蜚语、危言耸听的内容。博客已经成了网络舆论的重要组成部分。

不管人们爱也好、恨也好，博客按照自己的方式，不断拓展着自己的空间，它已经成了新世纪的大众神话。

（三）网络游戏：体验另一种人生

唐朝开元年间，少年卢生怀才不遇，郁郁寡欢。一天，他在河南邯郸县旅店遇到一位仙人，仙人见他闷闷不乐，就给他一个枕头，卢生在枕头上欣然入睡。这时，店主人正在用黄高粱煮饭。恍惚间，卢生回乡娶亲，不久科举及第，然后官运亨通，富贵荣华，美妻娇妾。但天有不测风云，他被奸人陷害，锒铛入狱，幸有朋友奔走才得到平反。之后，他子孙满堂，享尽人间荣华富贵，在即将离开人世之时，卢生一惊而醒，发现只不过做了一场梦，而店主人煮的黄高粱饭还没有熟。这就是我们常说的"一枕黄粱"的故事。这个故事表达了一种人生如梦的虚幻感。这类经典故事还有很多，如同时期唐宋传奇中的《南柯太守传》，先秦时期《庄子》中"庄生梦蝶"的故事。不管你说它消极也好，虚无主义也罢，这些故事确实触及了人生的意义问题。大千世界，纷繁复杂，人的命运沉浮不定。而且，人总是要死的，生命非常短暂，在人的生命将要结束时，回首一生，难免有人生如梦，万事万物如过眼云烟的幻灭感。世界广大无边，丰富多彩，但是人的生命却是倏忽即逝。在这个世界中，大多数人只能选择一种生活，体验一种人生。这就像世界上的道路千千万万，但你只能选择一条，一旦踏上这条路，其他的可能也就随之消失了。一路走来，任何人都难免眺望一下另一条路和路上的行人，想象一下另一条路上的风景，想象一下另一种人生。

如果让我个人来说，我认为网络游戏是一个伟大的文化作品，同时，它也是一个非常可怕的文化作品。游戏自古就有，人们也是乐此不疲。游戏最大的特征就是它没有功利性，人们在其中可以彻底放弃现实中的功利，全身心投入游戏。网络游戏在这一点上基本没有变化，但是，网络游戏与传统的游戏也有根本的不同。人生短暂而有限，我们都有体验另一种人生的愿望但却没有这种可能，而网络游戏就是完全针对着人生这种不可弥补的缺憾而设计的，它在虚拟的空间中给了你一个机会，让你体验另一种人生。

2009年以来，一个名叫"开心农场"的游戏风靡网络，出现了男女老少上网偷菜的奇观。"开心农场"这个游戏最初是开心网推出的一种游戏，就是参加的人在虚拟农场里种菜，浇水施肥，然后，想办法收割自己的菜，同时，还可以去偷别人的菜。这样一个简单的网络游戏，让人们相互之间"偷"得不亦乐乎！

为什么人们会对这个游戏乐此不疲。实际上，这个游戏给了人们两种虚拟人生体验，一个是农夫种菜，游戏模拟真实的农场生活，你要给菜浇水，施肥，还要抓虫，"菜"在你的精心培育下不断长大。另一个是偷菜，既要偷别人的，又要防被别人偷。偷窃这种行为在现实世界是犯法的行为，被禁止的，不管什么原因，偷窃者一旦被发现，都会受到不同程度的惩罚。所以，正是这种无法体验给人们带来好奇，让"偷"本身带有了一层的神秘色彩，偷菜也成了一种非常刺激的行为。所以，如果按照相关部门所要求的那样，把"偷"菜改为"摘"菜，游戏的趣味性和刺激性立即消失了。当然，还有一点是这个游戏设计的高明之处，即"偷菜"是无害的。不用说在在游戏中人们会把"偷"看做无害的行为，就是在真实的生活中，偷菜也是一种伤害很小的行为。任何带有喜剧色彩的事物都有一个共同的特征，就是对喜剧主角有所伤害，但是又不能造成真正的伤害，这时才会出现喜剧效果。而"偷菜"这种行为的本身正满足了这种特征，这才使得相互"偷菜"不令人厌恶，而是充满了喜剧色彩，充满了趣味性。

"偷菜"这个游戏提供了两个虚拟人生经验，让人们在这两个小小的人生体验中，暂时脱离现实生活。随着市场化和工业化的进程，社会分工的发展，每个人都处在专业化的一个狭小空间中，在高度的竞争压力下工作。就这样上班、下班、工作、家务，每天的工作和生活平庸而琐碎。"偷菜"游戏给人们提供了一个充满趣味和刺激的虚拟生活，从而逃避现实的压力和烦琐。

就体验另一种行为、生活来说，传统的小说、戏剧和影视都在一定程度满足了人的这种需要。但是，在这些艺术形式中，人们终究只是一个阅读者、观看者，他只是另一种生活的旁观者，他只能通过一种同情式的想象，在想象中参与另外一种生活。但是，网络游戏通过技术能够仿真式的创造出一个以假乱真的虚拟空间，让游戏参与者体验另外一个世界。"当代的网络游戏涵盖了诸多的艺术类别，如动画技术的亦幻亦真、电影蒙太奇的剪接切换、优美动人的音乐、独特的互动叙事和对话、游戏内容的创作与画面的设计等。这些艺术的表现形式，被网络游戏广而纳之。人们在进行游戏的同时，也遨游在艺术的世界中。"[1] 在这个意义上，网络游戏是小说、美术、电影和游戏相结合产生的一种更新的文艺形式。

凡是打过游戏的人都会理解人们对网络游戏的喜爱，甚至是沉迷。它提供了一个虚拟空间，它充满光影刺激，但又是未知的，它是只有在你的参与中才会呈现的虚拟人生，它让你逃离现实。所以，在这个意义上，网络游戏本质上更像是毒品。

网络游戏和"一枕黄粱"的故事有着近似性，我们可以按照网络游戏的精神对"一枕黄粱"这个故事做一个后现代转换。卢生是一个毕业后没找到工作的大学生，一天，他在旅馆里碰到一个网络游戏高手，高手看他情绪低落，就打开笔记本让他打一个游戏，告诉他可以忘掉烦恼，这时还不到吃饭的时间。卢生很快沉浸在"富贵人生"的游戏中，人生的跌宕起伏让卢生忘了一切，打到游戏的终点，卢生才恍然醒悟，

---

① 王文宏："关于网络游戏的几点思考"，载于《北京邮电大学学报》（社会科学版），2005 年第 4 期。

自己只是玩了一个游戏而已。此时，旅馆才刚刚开饭。

 三. 想说就说想播就播：文化传播的自由

　　传统的大众传媒是单向式的文化传播，大众只是被动的接受者。任何个人要想把自己的声音传播出去，都要经过这些权威性的传播机构的筛选和改造。而网络的出现，完全打破了传统大众传媒的传播模式，给文化传播提供了空前的自由。

（一）电视的权威：我看不到那集《霍元甲》了

　　20世纪80年代初，一些港台的大众文化商品开始进入中国，看惯了当时的国产电影，这些港台影视让人觉得非常新鲜和刺激。在我的印象中，当时有两部影视剧引起轰动，可以说是万人空巷。一部是香港拍摄的由李连杰主演的《少林寺》，完全以武打贯穿始终；另一部是香港拍摄的电视连续剧《霍元甲》，精彩的武打设计，曲折的情节，再加上片头一曲让人荡气回肠的《万里长城永不倒》，一下子吸引了男男女女、老老少少。那时候，村里也刚刚有电视，我还是小学生。电视台一晚上放两集，时间未到，大家就扔了手上的事情，早早的就坐到电视机前，等着电视剧开始，电视播放完了之后，大家就议论着、赞叹着各自去做自己的事情。电视剧的主角黄元申、米雪和梁小龙都成了大家崇拜的偶像。一个周日，我的一个小学同学玩得太累了，躺在炕上睡着了，直到晚上才醒过来。稍一清醒，随即大哭，家里人忙跑过来追问怎么回事，他一边哭着一边说："看不到《霍元甲》了！"家里人一听放了心，忙说："没放完，还有呢！"我的那个同学继续哭着说："我看不到那集《霍元甲》了！"

　　后来，我们大家总是拿这件事笑话他。但是，大家实际上都理解他。电视台按照自己的安排，按部就班的播放节目，不管这些节目你是喜欢还是讨厌，它就是按照自己的节奏不紧不慢。港台电视剧就像传统评书一样，总会在结尾时拴一个扣，吊起你的胃口，让你欲罢不能。更不用说我们那时是刚刚看上电视的孩子了。我们总是不停地回味上一集内容，想象着下一级紧张激烈的场面，满怀期待，熬过这漫长的一天。所以，当你忽然发现，你等待了一天的电视节目已经放过去了，看不到了，精彩的故事中间有一段空白，明天你只能听别人谈论这段故事，那是一种什么样的心情呢？

电视是传统的传播媒介（还有无线广播、报刊等），它是典型的单向传播，尤其是广告出现之后，最能体现这种特征。当"恒源祥，羊羊羊！"这样的广告不停的出现在屏幕上，你虽然恶从心头起，怒向胆边生，但是，没用，你或者关掉电视，或者忍受它，等待你喜欢的节目开始。电视和观众的关系，更像商场的橱窗和路边行人的关系，行人能看到橱窗里五花八门的商品，不断品评比较，但是，至于展示什么，谁在展示，怎么展示，行人只能被动地接受。当人们把呆坐在沙发上看电视的人称为"沙发土豆"的时候，形象地突出了电视受众这种被动特征。

传统传媒中受众的传播自由受到极大的限制，与文化生产中复杂的技术和庞大的费用有关，我们还是以电视为例。

王明轩先生长期在电视台工作，他认为，传统视频技术在以下几个方面限制了观众在电视传播中的自由。[①] 首先，视频制作的技术难以普及。电视节目作为一种文化作品（商品），它既要符合文化的规律，又要受到技术的制约。例如，一个电视节目的内容往往要多次推敲，修改的过程非常复杂，而传统的视频技术对画面的内容、色彩、声音、字幕和特技等后期处理，只有专业人员才能熟练地掌握，即使在电视台内部也要用专业人员来管理。这两个过程结合在一起，使普通人根本无法自己制作电视节目。其次，就是传统的专业视频设备造价昂贵，一台摄像

---

① 王明轩：《即将消亡的电视——网络化与互动视频时代的到来》，中国传媒大学出版社 2009 年版，第 122~124 页。

机几十万元，一台转播车要几千万元，普通人根本负担不起。再次，传统的电视视频传播渠道单一。电视视频的传播必须通过无线发射机或有线网传输，这样的传播渠道只能由国家或大公司才能承担，即使少数个人有财力，但既不经济，也不能持久。这样，普通人被排除在电视的制作和传播的过程之外。

无线广播、报刊的技术方面没有电视台那么复杂，但是，技术的因素仍然存在，是阻止普通人与传媒双向互动的重要因素，尤其是传播和发行的单一渠道问题，是个人根本无法克服的问题。

当然，除了技术问题以外，还有文化和政治问题，它们是影响传统的大众传媒的两个极其重要的因素。报刊、广播的各个栏目都有编辑，他们都是在专业院校经过长期培训的专业人员，并且还要有丰富的经验，他们要按照两个尺度来衡量一部文化作品：一个是文化的尺度，另一个是政治的尺度。个人的文化作品想要在报刊、广播上发表，首先要通过编辑这一关。编辑首先要衡量作品的政治性，这个作品是否符合主流意识形态，是否符合国家的利益。很多人有一种误解，认为强调政治尺度只是中国的特征。其实，这是一种误解。西方传媒也是要服从国家的战略需要的，这种外部需要影响着传媒工作者。一位长期在美国哥伦比亚公司工作的节目制作人这样说，"现在回想起来，我认为我受到了一种微妙的影响，使我以一种不引起争议的方式来处理容易引起争议的问题……我必须承认，在担任哥伦比亚广播公司新闻主管的近两年的时间里，我不止一次地调节我的新闻判断，调整我的良知。"①

在这之后，编辑们还要衡量作品的文化和艺术水平，达不到标准的作品，就会被编辑们毫不客气的拿掉，不管作者花费了多少心血。就拿学术作品来说，一篇学术文章要在学术期刊上发表，首先要过一审编辑这一关，之后再拿到外面评审，评审过关之后，编辑部再讨论是否发

---

① ［美］赫伯特·席勒：《大众传媒与美利坚帝国》，刘晓红译，上海世纪出版集团2006年版，第51页。

表。虽然现在人们常说有学术腐败之类，但是，学术水平达不到一定标准，在学术期刊上还是很难发表文章。现在，对大众文化产品来说，应该说又增加了一条标准，没有市场的作品也不会给你发出去。

正是技术、政治、文化水平和市场等多重因素，不管是主导文化、精英文化还是大众文化，都形成了单向度的传播模式，更多的普通人只能是被动的受众。

（二）网络开启自下而上的时代

1957 年，苏联发射了第一颗人造地球卫星，这标志着美苏之间的争夺延伸到太空领域，苏联的军事科学技术大有赶超美国之势。苏联的军事科学技术迅猛发展令美国忧心忡忡，美国军方尤其担心自己的通讯领域，一旦指挥中枢遭到袭击，整个通讯网络就会陷于瘫痪。1962 年，美国人开始设想分散的指挥系统，它由一些分散的指挥点组成，每个指挥点之间都相互连接，这样，任何一个指挥点遭受打击，都不会影响其他的指挥点之间的联系，从而保证军事系统通讯正常进行。就这样，阿帕网产生了。通过阿帕网，位于美国几个大学中的大型计算机被连接起来，通过分组交换传递信息，后来，连入的主机不断增多。从阿帕网又产生了后来的互联网。

这就是互联网诞生的故事……

这个故事已经告诉了我们互联网最根本的特征就是主动性和共享性。在人类社会组织的信息传输中，更多的是像金字塔一样，从一个命令中心向下传播，军事、政治、传统传媒都是如此。在命令中心以下，每一个点都是上传下达，这是一个信息通道，自己不能任意发表和传达信息内容。美国人担心命令中心被"斩首"，原因也就在于此。而阿帕网则不同，实际上它是无中心的，每一个联入网的计算机终端，都可以作为中心发布信息，同时，它也是其他终端传播信息的通道。这样，每一台计算机终端都是主动，都有上传信息的责任，而整个网络的整体特征是各个终端间的信息分享。

美国人弗兰克·丹尼尔斯接管家族企业《新闻与观察报》的时候，他还不知道因特网为何物。一天，一位学工程的大学生问他是否知道用户网（usenet），并给他进行了演示。丹尼尔斯看到许多人在网络中对话，他惊呆了。在传统的报社中，读者只能通过信件与报社联系。而在网络中，"它要求你不仅仅是被动观看，还要主动参与。它的传播模式也不是一点对多点，而是多点对多点。""用户网的实践表明，新闻可以不再由少数人加工后传输给大众，大众传媒的'守门人'角色将毫无意义"。① 丹尼尔斯如遇当头棒一般，立即意识到这个现象非比寻常。在这之后，丹尼尔斯立即投资创立《新闻与观察报》网络版，注册 BBS，成为美国报业进军网络的先锋人物。

美国的媒介巨头也都闻风而动，在虚拟空间抢滩登录网站、网络版，鼓励报刊与读者之间通过电子邮件建立互动，搜索引擎、电子论坛、文本链接等纷纷出现，都在以各种方式满足读者参与式的需求。

网络开启了一个自下而上的时代！

今天，同样的故事在中国发生着……在传统的自上而下的传播模式中，各大媒介的守门人——编辑起着至关重要的作用，他们把大多数人的文化作品挡在门外，维护着传统传媒方式的权威。但是，网络提供了巨大的虚拟空间，提供了新的信息传播渠道，无线广播、报刊新闻和电视这些覆盖现实生活的传媒虽然都建立了自己的网站，但这些网站被淹没在无数的网站之中。

打开 hao123 网址导航，你会看到新浪、腾讯、搜狐、网易、央视网、新华网、人民网、凤凰网、人人网和开心网，等等，大名鼎鼎的中央电视台，只是其中的网站之一。如果你想发表自己对社会问题的

---

① 胡泳：《另类空间—网络胡话之一》，海军出版社 1999 年版，第 114 页。

看法，你只要点一下"社区"这个栏目，你就会看到"天涯社区"、"新浪论坛"、"网易论坛"、"强国论坛"、"西祠胡同"、"凯迪社区"等综合社区，随便进入一个社区，申请一个网名，找到你感兴趣的题目，你就可以发表你的高见了。当然，你也可以自己开一个博客，非常简单，每一个综合型网站都在催你开博，就像街头替房产开发商发广告的人向你兜里塞小广告一样。在论坛和博客里，只要不是极其极端的言论，就不会有人管你。博客发表更是简单之极，打开写日志的栏目，一切都准备好了，或者即时写，或者把写好的文稿复制上去，边上的工具栏里有现成的工具，插入音乐、图像，或者视频，就随你了！就这么简单！

前面提到的视频制作的技术瓶颈现在已经消失了！视频制造和传播的技术流程是摄像机、编写机和发射视频的渠道。今天，一部七八千元的数码相机的清晰度已经超过了十几年前最先进的摄像机。而编写机即使在专业电视台也用得不多，大多数人都可以在电脑上用视频软件来编辑视频。而电脑的要求也不高，6000元的电脑就可以胜任。[1] 而现在视频制造的技术的复杂程度，也只是相当于职业高中的水平。也就是说，只要你受过一定程度的教育，稍微用心研究学习就可以掌握。现在的传输渠道更是多种多样了，只要是支持视频的分享网站，你都可以发上去。个人制作视频已经没障碍了。

所以，从事文化传媒工作的王明轩先生预言，不久，就会出现"视频领域的自由撰稿人"！[2]

1980年，北京首都体育馆举行了一场"新星音乐会"，引起了极大轰动。一位观众给报社写了一封信谈自己的感受，结果晚上没地方买信封，第二天又要上班，只好让邮递员盖上邮戳，寄了一封没有信封的信！那次音乐会有一位新星叫任雁，光彩照人。一位观众仰慕不已，写

---

①② 王明轩：《即将消亡的电视——网络化与互动视频时代的到来》，中国传媒大学出版社2009年版，第128页。

了一首赞美的长诗。可是，信寄到剧团的时候，任雁已经出国，一去30年。当时的一位朋友替她保留了这封信。30年后，当年的歌唱家要再聚首，任雁才读到这封信，一封迟到30年的信。

只有在老式的信息传播情况下，才会出现这样让人忍俊不禁的故事。今天，已经不会再发生这样的故事了。

信息技术的迅速发展，不仅使大众逐渐摆脱了传统媒体"守门人"的限制，而且也不断地摆脱了时间和地点的限制。一个人在网络上发布自己的意见、观点、视频图像越来越自由了。但是，你总得有一台电脑和加入网络吧，在没有电脑和网络的地方，你的自由消失了。不过，这是几年前的状况了。现在，无线上网和Twittered已经解决了这个问题。在没有电脑的时候，你可以用手机上网，通过发送短信上传你的留言。这就是Twittered，也就是"微博"。现在的微博发送能力还有限制，但是，随着手机技术的发展，通过手机发送视频也不会远了！

我们已经进入了想发就发，想播就播的年代了。

如果当年的音乐会在今天举行，随着手机按键的按动，评论和赞美的诗瞬间就已经发表在网上了。老式传播的年代远去了，远去的还有那些故事。但是不是还有一些更珍贵的东西也随之远去了呢？

（三）"草根"英雄与网络狂欢

网络的发展给"草根"一族提供了巨大的自由空间，想法就发，想播就播，网络成了"草根"的狂欢之地，也给了他们挑战权威的自由与机会。

2006年《一个馒头引发的血案》在网上迅速蹿红，就是大众挑战传统文化权威的重要标志。一些导演过于沉浸在自己的世界中，忽视了观众的感受，观众看到的是银幕上一些莫名其妙的人和一些莫名其妙的故事。在以前，导演的文化权威往往意味着，看不懂大导演的片子就是你的艺术品位，你的思想浅薄。大众在这种文化传播的强势面前毫无办法，即使报刊上有批评，那也是文艺评论家的任务，一般观众能在报刊读者来信栏目发个"小豆腐块"，已经非常不易了。更多的时候只能对讨厌的片子骂上两句，然后再也不看了。

但是，网络时代不同了。大众可以通过网络面对大导演发表自己的意见，也有了制作电影（视频）的技术手段，在网络这个传播空间以自己方式发出自己的声音。胡戈把电影《无极》和中央电视台社会与法制频道的《中国法制报道》进行剪辑拼接，重新编写对话，插入广告，再加上搞笑的对白，滑稽得情节。他以这种方式实际上就是站在"草根"的立场上，告诉导演高踞于芸芸众生之上的貌似深刻，实际根本没有一点儿价值。

在这种嘲弄面前，大导演的权威完全失去了作用。《一个馒头引发的血案》本身颇有创意，同时也说出观众的感觉，替观众出了一口气，它的点击率直线攀升，导演越是气愤，越是抨击，越会吸引更多的人去点击视频，而胡戈反而就越有影响力。

如果说胡戈还是以戏谑的方式挑战个人权威的话，在网络时代，在重大的国际事务中，一个人挑战多个大众传媒权威机构已经不是神话了！

2008 年中国西藏爆发了"3·14"事件，西方媒体明显别有用心，一改其所谓客观中立的立场，以偏见代替事实，甚至不惜张冠李戴，移花接木，捏造事实，刻意歪曲和隐瞒事件真相，掀起一股妖魔化中国的舆论浪潮。两位华人"草根"青年凭借着网络挺身而出，以一己之力抗击西方传媒，创造了网络时代的传奇。

网友"情缘黄金少"是西安人，15 岁随父母移民加拿大，2008 年在当地一所大学学习商务，是大学二年级的学生，他喜欢电脑，有时自己制作的视频也会上传到 Youtube 网站。2008 年 3 月 15 日下午，"情缘黄金少"打开电视，看到了 CNN 连篇累牍报道"西藏事件"，报道中充斥着"侵略"字眼，他非常愤怒，决定作一个视频，让外国人了解一点中国的历史。"情缘黄金少"用了 20 分钟的时间，找到一些中国的历代地图和西藏的一些图片，再配以字幕和音乐，制作了一部名为"西藏的过去、现在和将来都属于中国的一部分"的视频，展示西藏的历史和西藏解放后的不断发展。这段视频仅有 7 分钟。视频一上 Youtube 网站，几分钟后就有了回复，几天后，视频点击量已经超过 200 万，留言达到数十万条。"情缘黄金少"在网络上产生了重要影响。德国之声中文网等西方媒体开始关注这个少年，称他为"网络英雄"①

正是因为他是一个"草根"平民，他可以毫无顾忌地发出许多中国人压抑在心底的声音，也正是因此，才能产生网络冲击波。甚至有一位网友在博客中这样写道："一个在海外的 21 岁的大学生，用自己制作的视频挑战整个西方世界。他一个人的声音，胜过了几乎所有官方媒体……他以一人之力挑战整个西方媒体的偏见，应该成为今年最感动中国的第一人选。"②

几乎与此同时，在中国大陆也出现了一位挑战西方传媒"网络英雄"——饶谨。

饶谨当时 23 岁，是清华大学的毕业生。"西藏事件"发生后，饶谨也是迅速浏览 CNN 等西方各大媒体的相关报道，才发现里面充满了偏见和歪曲。这时，海外华人论坛中开始揭露西方媒体的不实之词。饶谨忽然生出一个创意——对这些文章搜集整理，揭露西方媒体。3 月 18 日，饶谨注册了 ant-cnn. com 域名，建立网站，在网上动员世界上的华人提供证据，搜集公布西方媒体诬蔑中国的各种材料。饶谨此举真是一呼百应，引起了很多网站的响应，举报西方各媒体不实报道的邮件纷纷发来，网站的点击量迅速上升，网站也被其他网站迅速转载。

饶谨这是以个人挑战 CNN 等西方传媒。西方传媒在世界上牢牢控

---

① "草根的反击：抗议'藏独'及西方歪曲报道的年轻人"，2008 年 4 月 1 日，中国网（http://www. china. com. cn/international/txt/2008 - 04/01/content_ 14023514. html）。

② "网络时代的民族英雄'情缘黄金少'"，石华宁的博客（http://blog. voc. com. cn/blog. php? do = showone&uid = 5571&type = blog&cid = &itemid = 451736）。

制着传播霸权，全世界 80% 的新闻来自西方。就以在"西藏事件"中辱华的美国有线新闻网（CNN）为例。CNN 总部设在美国亚特兰大市，有员工近 4000 人，其中海外记者上千人。"CNN 有 40 家海外新闻机构和近 900 家附属电视台，在全球拥有 30 多个演播室，同时还有 600 个新闻网点为它提供节目。CNN 以 12 种语言播出节目，全球 212 个国家超过 10 亿的观众通过 16 个有线和卫星电视网络及 12 家网站收看 CNN 和 CNN 国际频道。"[①] 挑战这些巨头可能吗？

然而，奇迹发生了。

随着有理有据揭露西方传媒的报道，不断在世界范围传播，2008 年 3 月 23 日，德国 RTL 电视台网站在其网站上发表声明，承认对中国西藏发生的暴力事件的报道存在失实问题。《华盛顿邮报》报道更正了华邮网站上一张照片的说明文字，纠正了事件发生的地点，并刊登编者道歉声明。3 月 25 日德国 N – TV 电视台在一份声明中承认该电视台使用的一些图片有误，并已进行了更正。3 月 25 日 BBC "悄然" 修改对救护车照片的文字说明。

一个以个人身份刚刚注册的民间小网站，居然让众多世界级传媒巨头低头认错，这在以前是绝对难以想象的。

anti-cnn. com 迅速引起了西方大媒体的注意，一些媒体如《华尔街日报》、法新社和《法兰克福汇报》等报刊开始采访、报道 anti – cnn. com。3 月 27 日，西方记者向外交部发言人秦刚提问 "反 CNN 网站" 一举成名。

据说，阿基米德在发现了杠杆原理后，曾经放出豪言："给我一个支点，我可以撬动地球。"其实，阿基米德要撬动地球，还需要一根巨大的杠杆。而今天，"情缘黄金少"和饶谨也可以说，给我一台电脑和网线，我就可以挑战 CNN。其实，仅仅是电脑和网线是不够的，他们还

---

① 刘笑盈："国际电视的开创者——美国有线新闻网"，载于《对外传播》，2009 年第 7 期。

需要一个巨大的网络空间，在那里，无数网民在虚拟社区中不断地争论，不断地上传下载各种文档、图片和视频，一条信息可以瞬间传遍四方。打击传统权威的不是他们个人，而是这个"草根"狂欢的虚拟空间。

四 我表达我自己：虚拟空间的"假面舞会"

人的一生就是不断地实现自我的过程，人总是要通过各种方式展现自己的内在力量。这种认识自己、证明自己的活动，不能仅仅通过自己完成，而更要通过"他人"这面镜子来完成。通过"他人"证明自己的过程，也是一个压抑的过程。人在这个过程并没有展示一个真正的、完全的自我。网络给了人们自由地表达自我、展示自我的虚拟空间。

（一）社会人的"表演"与自我压抑："有事您说话"

任何一个人都是社会中的人，都要通过各种方式不断地表达自己，通过这种自我表达与他人互动，在别人对自己的表现的反应中，获得社会认同，并最终实现自我价值。也就是说，人要通过各种"表演"，让他人认识自己，让他人知道自己的才能禀赋，并在这种"表演"中证明自己的价值。

著名笑星郭冬临有一个非常有名的小品，名字叫"有事您说话"。小品说的是一个小伙子没学历、没职称、没职位，自己觉得在单位没地位，想不出别的办法，只好通过帮别人办事，显得自己有路子，有本事，见人一张嘴就是"有事您说话"。20世纪90年代铁路运输紧张，车票尤其是卧铺票非常难买，小伙子就装着自己在车站有路子，有熟人，自己带着铺盖排队，搭时间、搭钱给单位的领导和同事买票。买票回家，小伙子自己累得要命，媳妇气得要死。可是单位的领导和同事一来取票，小伙子就立即打起精神，做出小事一桩，不值一提的样子，只为了最后这些人竖起大拇指，说一声，"这小伙子真有本事，了不得！"

"有事您说话"这个小品，就是成功地再现了人的"表演"这一社会本质特征。

社会是一个大舞台，每个人都是演员，演出各种各样的戏剧。美国结构功能主义社会学家帕森斯就提出过"角色"说。社会系统为人们设定了一定的规范，也就是角色，人们就要按照角色的要求来进行表演。比如一个男人在家里对着孩子就是父亲，对着妻子就是丈夫，来到单位就成了领导，他就要按照不同角色的要求来做事，也可以说是表演。但是，还有另外一个社会学派，被称为符号互动论，这一学派认为，帕森斯的理论过于强调社会结构的作用，好像一个人总是被动地承担自己的角色，没有主动性。符号互动论更强调行动者的主动性，认为一切社会行为都是有意义的，行动者在行动的时候，并不是简单地按照自己的主观愿望行动，他总是要首先设想他人对自己行为的反应，然后，按照他人的这种反应来行动，社会就是在这种行动者与他人的互动中显示出它的内在结构。或者说，社会中的人，都是在不同程度上有意无意地为他人"表演"，并且在他人的反应中认识自己，证明自己，实现自己的目的。不管两大学派如何争论，它们都承认人的社会活动的"表演"特征。

日常生活中有很多俗语早已触及了社会行为的"表演"特征，如"死要面子活受罪""打人不打脸，揭人不揭短""千穿万穿，马屁不穿"。小品中的小伙子就是"死要面子活受罪"，为了别人的一声称赞硬着头皮表演。而后两个俗语，实际上说的是对个人"表演"截然相反的态度，"揭短"就是把表演者千方百计进行的"表演"揭穿，而所谓"马屁"，就是明知道对方"表演"，也知道对方在进行"表演"时所预期的反映，就主动的把这种反映"表演"给对方。得到了自己预期的反映，表演者即使知道观众（他人）也在表演，就会欣然接受，因为这正是他所期望的。

任何一个社会行为人的表演都不是随便的，表演都是要给他人展示一些东西，同时，也要掩饰一些东西。一个社会行动者选择"表演"什么要看社会大环境，而不是由他自己决定的。当然，社会人在"表演"的时候，也可能把自己的兴趣、爱好和最突出的技能"掩饰"起来。体育运动中的集体项目的表演特征最为明显。比如在足球运动中，最能体现出运动员技术能力的是盘带技术，而最有意思的也是带着球，用眼花缭乱的动作戏要对方球员。所以，在球迷的心目中，最伟大的进球是在1986年世界杯英国和阿根廷的比赛中，马拉多纳一个人从中场长驱直入，连过5人把球带到门里。但是，在足球比赛中，不管一个球员的盘带技术多么出色，都不能任意的炫耀自己的盘带技术，没完没了的过人，也就是人们所说的"粘球"。因为在不断表演自己特长的时候，往往是贻误战机，耽误了时间，让对方重新组织好防线。这样的表演会引起队友和教练的不满，最终这个队员可能失去上场的机会。足球比赛最高目标是胜利，在职业化年代，比赛胜利意味着俱乐部和球员的收入。一个球员要获得队员、教练和俱乐部的认可，在球队、俱乐部、足球圈里站住脚、获得成功，就必须帮助球队获得胜利，他所要表演的是，在最佳的时间把球传给位置最佳的队友，突破对方防守，让全队获得有利的进攻机会。同时，他必须随时控制住自己想展现"盘球过人"的愿望。为了自己在队友和教练面前"表演"成功，获得他们的认同，他必须这样做。

我们常说一个人自我选择、自我发展、自我实现。但是，社会行为的"表演"特性决定了，一个人的自我实现也就是在他人面前一次成功的表演，获得了自己所预期的他人的认同。但是，这并不等于完全的自我表现，因为，在这个过程，一个人最突出的兴趣、爱好、禀赋，一个人最真实的一面，在外部环境的压力下，被掩饰掉了！

（二）网络：自我自由表达的虚拟"假面舞会"

西方的万圣节之夜流行一种假面舞会，参加舞会的人都戴着千奇百怪的面具，任意选择自己喜欢的性格和风格，任意选择自己喜欢的装扮，将自己伪装起来。在舞会上，人们卸下平日里繁重的工作压力，摆脱日复一日的公式化生活，在诡异的灯光和音乐下，一群"陌生人"尽情起舞。

"假面"是假面舞会关键，它是一个去社会化的行为。从前面所讨论的社会行为的表演特性来说，假面舞会的真实本质正相反，它是一个摘掉社会面具，真实表现自我的过程。一个人为了完成自己的社会角色，为了完成自己的"表演"，都不同程度地掩饰了自己的一些东西，实际上是戴上了一个社会角色的"面具"。假面舞会戴上面具，遮住了人们的真实面目，每个人都是"陌生人"，这实际上是去掉了每个人身上纵横交错的各种社会关系，把人从他人的目光中解放出来。这时，一个人可以穿上大胆前卫的服装，以自己喜欢的方式尽情狂欢，而不必再考虑他人的反应和看法。

网络的虚拟空间和"假面舞会"本质上是相同的，都是"去"角色化，"去"社会化，是一个人不再按照他人的预期来"表演"，而是按照自己的兴趣、爱好、期望来设计自己的形象，进行自我表达。

在网络中，每个人都有自己的网名，再配上一个虚拟的头像，只要愿意，人们都是匿名的。网名和这个虚拟头像就是一个"假面具"，它遮住了上网者的一切真实身份，从而让他们从各种社会束缚中解脱出来。在真实的假面舞会中，参加者基本上都是来自一个区域，还在一个真实的空间中接触，并不能做到完全的"假面"。而网络虚拟空间比假面舞会更突出的地方就是它根本就没有现实的空间，已经完全不受空间的限制，出现在网络中的人可能远在天边，也可能就在你身边，只要双方不自己透露身份，双方就是真正的陌生人，谁也不会看到对方的真实性别、年龄和社会身份。有一个著名的漫画调侃这种境况，有两只狗坐在电脑前正在网聊，一只狗对边上的另一只狗说："别害怕，他们不知道咱们是狗！"

　　自由的自我表达，不是为了赢得预期中的掌声和喝彩而表演，它不为了"表演"而掩饰，也不通过"掩饰"来表演。它就是自由地展示真实的自我，毫不掩饰地展示自己的所思、所想、所爱和所恨。也正是在网络这种彻底的"去"社会条件下，人们才可能遵从自己的真实愿望，在虚拟空间中创造出一个理想的自我，表现出一个最真实的自我。

　　虚拟空间中自我的自由表达有着多种多样的方式。最常见的是通过新闻评论、博客和论坛，对国际国内政治经济文化事件发表自己的意见，由于是网络匿名，人们可以不必顾及身份和外在影响，直言不讳地写下自己的观点。尤其在一些论坛中，一些网友发表的文章有非常高的水准，一看就知道是一些专业学者匿名发表的。这些文章有时比正式出版的学术期刊中那些欲言又止、含含糊糊、中规中矩不越雷池一步的文章，更有学术价值。而年轻人更喜欢通过网络游戏中的虚拟人物来表现自己，他们把现实中无法实现的愿望，寄托在网络游戏中的人物上，在游戏中实现虚拟自我。这样的虚拟自我可以根据自己的爱好随意设置。

　　自由的自我表达在最理想的状态下，它能展示人的真、善、美，它要展示出人的禀赋和潜能，人在自由状态所能达到的高度，总之，展示出人类的美好和希望。

　　在早期华语网络文学曾经出现过这些特征。在当时的 ACT（互联网新闻组 alt Chinese text），中国留学生在这个虚拟空间发表了大量的小说、诗歌和散文，记述异国经历心路历程，抒发乡愁，但是，这些作者大部分并不是文史类学生，而是学习理工科的学生。从前面所说的社会"表演"来看，这些理工科学生在专业领域要按照理工科的科学理性思维进行学习、研究，整个人像一部运算的机器，只有这样，才能完成学业，拿到证书，只有这样，自己在专业领域才能发展，才能报答家乡的父老乡亲。这样，多样的才华、兴趣和对世界的感受被压抑，而网络给了他们一个自由展示的空间。这些作品全是发自内心之作，率性而为。

　　在这些作者中，"图雅"就是追求摆脱一切社会束缚，在网络中自由地表现自我的代表。① "图雅"写作的初衷，不是为了金钱、名气，只是想在一个摆脱了社会外在束缚的空间里，做自己喜欢做的事。自由的写作本身就是"图雅"自我表现，自我实现的过程。在 1995 年 8 月所作的《砍柴山歌》的后记中，"图雅"有这样的自白："几十万字，信手涂鸦，说明这两年还挺有心情。这个也值得高兴。生活是许许多多大大小小的着急而构成的。一会儿要交作业，一会儿要去饭店洗碗，一会儿又要去车站接同学，每一件事都刻不容缓，每一个人都讨债似地追你，一直把你轰进坟墓里才罢休。这就导致了生命质量的显著下降。在如此劣质的生活中，能'偷得浮生半日闲'，往键盘上打一篇玩意儿，不是相当对得起自己吗？""图雅"这种隐身、即兴、自由、非功利的写作状态，是一个人网络自我表现的最高理想状态。

非常可贵的是，"图雅"一直坚守着这种隐身、自由和非功利的写作，坚持这种自我的自由表达。文学作品的创作过程越是真诚、越是自由就越能打动人心。"图雅"很快成了网络文学中的佼佼者，但是他始终坚持网络匿名。1994 年他的《寻龙记》获奖，"图雅"应主办方要求提供了简历，通过简历人们能知道的仅仅是"五十年代出生于北京"。1996 年四月"新语丝"、"花招"、"橄榄树"、"枫华园"等海外中文电子杂志的成员在华盛顿聚会，"图雅"答应出席，却最终没有露面。② 1996 年，"图雅"离网停止写作。"图雅"成为了网络文学中一个谜。

"图雅"为什么离网停止写作呢？没人知道"图雅"的真实身份，这个问题也就无法回答。也许是病了，也许是回国了，也许是江郎才尽？当然，也许是"图雅"的名气越来越大，人们对他的真实身份越来越感兴趣，越来越希望和他进行真实社会中的交往。但是，一旦人们知道了他的真实身份，他的"假面"也就被摘下来了，网络中隐身所获得自由也就随之消失了。网络中的自我自由表达创造了"图雅"，而这种

---

①② 黄发有："从宁馨儿到混世魔王——话语网络文学的发展轨迹"，载于《当代作家评论》，2010 年第 3 期。

自由表达要消失的时候，也是"图雅"消失的时候了！

"图雅"的消失，或许是一个关于网络时代的隐喻，网络中的自我自由表达曾经存在过，曾经如此美好、如此动人，但它或许是"昙花一现"！

（三）自我表达的异化："木子美"和"芙蓉姐姐"

网络真的会给我们带来一个虚拟空间中自我自由表达的时代吗？

加拿大学者文森特·莫斯可认为，"几乎每一次包括信息和传播在内的新的技术浪潮，都会带来关于终结的宣言。"[①] 人类总是对未来充满希望，他们不断地把这种希望投射到某种事物上，认为由于它的到来，历史将会结束，人类一下子跃入新的时代。在现代社会，技术成为了这种希望的承担者。从电报、电话、广播到电视无不如此。回顾历史，这些技术无疑产生了重要的影响，改变了世界的面貌，但是，社会历史还是在自己的轨道上行进。

技术决定论的问题在于，它把技术作为了社会历史发展的唯一推动力，但是，技术只是社会中的一个因素，不是技术单独决定历史，而是正相反，技术的作用是在一个社会框架中发挥出来的。

对于前面提的问题，现实有些冷酷，在大众消费年代，商业的力量迅速渗透进入网络。不是网络终结历史，而是资本的力量把网络纳入了市场体系，纳入了大众消费体系。网络确实带来了信息传播的极大自由，但是，自我的自由表达越来越少，被外部金钱力量所扭曲的自我"表演"将越来越多！

社会行为具有的"表演"特征，是一个人遵守社会规范，适应社会环境，调整自我的过程，是从外部因素出发表现自我。这种"表演"对个人有一定的压抑作用，但是，它是一个社会正常运行的基础。网络的

---

① ［加］文森特·莫斯可：《数字化崇拜——迷思、权力和赛博空间》，黄典林译，北京大学出版社 2010 年版，第 109 页。

匿名化让人们在虚拟空间中抛开了一个社会角色和社会规范的束缚, 给个人创造了一定的条件, 能够自由地表达自我, 这是从个人的内在因素出发表现自我。但是, 在网络中, 在网迷的狂欢中, 除了极少数真正有才能的人引起别人的关注, 绝大部分人都被网络的喧嚣所淹没, 自由的自我表达更多的是孤独地自娱自乐, 或者几个朋友毫无意义地互相吹捧。

很多人只看到网络是技术, 但是, 网络是大众文化消费品的平台, 各种网络文化产品, 聊天室、社区、游戏、博客, 等等, 都是大众文化消费品, 虽然网络大多数文化产品都是免费的, 但是, 通过各种各样的文化产品吸引网民, 提高浏览量, 以此吸引广告, 是各网站盈利的最重要的手段之一。越是能够引起他人注意, 越是能够盈利。在网络时代, 出现了所谓的"眼球"经济, "注意力"经济。

日常生活中的平凡琐事引起不了人们的兴趣, 凡是引起人们兴趣的都是最极端的, 极美或极丑, 大忠或大奸。但是, 在无限庞杂的虚拟空间中, 凭借自由地自我表演, 展现非凡的才能吸引别人是非常困难的。既然不能展示自己的"美"来吸引人, 那么, 难道不能通过展示"丑"来吸引人吗? 手段微不足道! 点击率就是一切, 至于美丑无所谓! 在这种以资本运营为中心的大众消费时代, 网络文化从"酷"转向"贱", 很快转向"雷"。

"木子美"是一名作家, 嘴损一点的说她是"下半身"作家, 嘴下留德的说她是"性体验"作家, 她的网上大名来自她在博客上公布自己的《性爱日记》。2003 年 6 月 19 日起, 木子美开始公开这些日记。但是, 并没有引起多少人的注意。如果仅此而已, 这或许只是虚拟空间"假面舞会"中一次极端的放纵, 一次有些病态的自我表达。反正用的是网名, 带着"假面具", 别人也不知道谁是"木子美", 谁是她笔下的那个他。不久, 木子美在公布了自己与广州某著名摇滚歌手的"一夜情"故事, 描写了她与这名乐手亲密时的大量细节。更重要的是, 她在日记中说出了的歌手的真实姓名。从此，木子美的博客访问量开始急剧飙升，一下子成为网络红人，自己的日记也出版发行。据说，后来她的《遗情书》在法国被改编为电影，不知是真是假。

木子美在网上公布《性爱日记》，公布自己和他人的秘密，甚至摘下"面具"，让人们知道自己的真实身份，无非是想借助网络空间，吸引别人的注意力，以此成名。虽然她在博客上把自己描写得很前卫、特立独行、蔑视世俗，实际上，她非常在意自己的博客在网络中的排名，不断增加内容以维持排名。① 她的这种成名之路启发了很多人，网上出现了不少照片和视频，一些人希望一"裸"成名。

"雷"是最新流行的网络词汇，是指事情太出乎意料，让人目瞪口呆。而"雷人"就是经常说出让你目瞪口呆的话，做出让人预料不到的事的人的称呼。"芙蓉姐姐"就是凭借"雷人"形象成为网络名人。

"芙蓉姐姐"是一个大学毕业生，从西安来北京想考清华大学的研究生。但是，在网络时代，她走上一条"雷人"的成功之路。

"芙蓉姐姐"的办法很简单，就是通过"丑化"自己来吸引别人的目光。"芙蓉姐姐"就是一个普普通通的人，长得不难看，也不好看，既不臃肿，也不苗条。但是，2003 年以来，她持之以恒、坚持不懈地在网络上发表照片、发表言论。她总是在自己非常平庸的、甚至难看的照片旁边，做出充满激情、深情和自信的样子，写下诸如："我的身材怎么如此美妙！""我怎么这么有智慧！""我怎么受到如此爱戴！"之类的雷语。平庸的姿色与这些充满深情的"自恋"言论形成了极大的反差，营造出了极其滑稽的效果，让人哭笑不得。"芙蓉姐姐"就是这样以"自恋"的形象丑化自己。人们像等着看笑话一样等待着她的下一张照片和言论，然后评论笑骂。但是，随着点击率不断飙升，"丑"名远扬，胜利者不是笑话和批评她的人，而是自我丑化的"芙蓉姐姐"。

---

① "木子美"：参见百度百科（http://baike.baidu.com/view/27742.html）。

实际上，生活中"芙蓉姐姐"是一个正常、热情和内敛的人。[①] 网络中"芙蓉姐姐"实际上是一个面具，真实的"芙蓉姐姐"总要不断戴上它，为了点击率进行"小丑"化的表演。

不管是"木子美"还是"芙蓉姐姐"，她们在网络上都不是自我的真实表达，而是以商业为目的，以网络为舞台，为了吸引观众而进行的"表演"，是对自我的极端扭曲，是自我表达的异化。

---

① "芙蓉姐姐"：参见百度百科（http：//baike. baidu. com/view/3800. html）。

第三章

网络时代的价值观建设

在多元并存的价值观体系中，树立一种主导价值观来引领社会的价值导向，这是人类生存本身的需要，但同时也是价值观建设的难点和矛盾之所在。互联网时代，传播的极端自由冲击、侵蚀着传统的知识体系和价值体系，而虚拟与现实的矛盾，更增加了价值观建设的困难，使主导与多元的冲突更加直接、更加公开、更加复杂。正因为如此，在价值观领域中构建科学的、合理的价值标准，显得至关重要，而社会主义核心价值体系的构建成为关键任务。但是，在互联网时代，这个工作绝不是一朝一夕的事情，需要付出巨大的努力。

一 极端自由的困惑：只有演奏，没有指挥

在音乐会上，如果没有指挥的引导与协调，演员们都在随意的演奏，那么，所有的演奏不会产生美妙的音乐，只会产生刺耳的噪音。当今，网络中就出现了只有演奏，没有指挥的极端自由状态，网民有了展现自己的自由，想说就说，想播就播，把未经确证的知识和观点随意地公布在网上。这种极端的网络无政府状态将会颠覆现实社会的知识体系和价值体系，造成文化生产和传播的混乱，侵蚀文化的传承机制。

（一）知识权威与"维基百科"

在专业知识领域，权威是必不可少的。

在读硕士的时候，导师希望我在技术哲学方面找一个选题。在准备材料的过程中，我遇到了许多西方哲学的内容，非常头疼。导师给我的建议是，涉及这些内容，先不要急着去读西方的经典原著，因为这些问题很复杂，很难在短时间内消化。最好先查阅一下西方编著的权威的哲学百科全书，如大不列颠哲学百科全书，了解一下知识的背景。

根据导师的建议，我翻阅了大不列颠哲学百科全书（Great Britain Encyclopedia of Philosophy）和劳特利奇哲学百科全书（Routledge Encyclopedia of Philosophy），在这个过程中，我对"权威"这个概念有了深刻的体会。

这些著名的哲学百科全书中的词条，都是该领域中著名学者撰写的，对相关问题都有全面、深刻地把握。每一个词条的内容非常详细，从哲学概念的具体内容、历史发展脉络、争论问题的焦点、代表人物的观点和对后世的影响都有简明扼要的介绍。对初学者来说，这相当于一个专业哲学问题的学术综述，对准确地把握西方哲学知识的背景和发展脉络非常有益。

在我身边发生的另外一件事，更加深了我的这种印象。我的同学是研究中国哲学史的，总是扎在故纸堆里。有两件事令他赞叹不已，一个是辞源，一个是北大著名哲学家冯友兰。他读古籍遇到生僻的字句的时候，辞源对他的帮助太大了。有一次他遇到一个从未见过的字，翻开辞源，令他惊叹不已，辞源中解释词义的例句，就是他读的那句话。而在写作论文的时候，他总是求助冯友兰先生的著作。中国哲学的论文总不免要涉及哲学史上的各流派，在讨论中，要简明扼要地概述各派的观点，我的同学总有力所不及，理不清头绪的感觉。每到这时候，翻开冯友兰先生的《中国哲学史新编》，就发现自己说不清楚的地方，冯先生已经用最清楚、最明白和最简练的语言总结好了。

人类知识的发展总是一个不断传承和发展的过程。每一代人都要通过权威的学者和书籍，把经过确证的知识传给下一代人，然后，下一代人在这个基础上，淘汰其中的错误，加入新发现的正确内容，继续发展人类的知识。在这个过程，权威是绝对不可缺少的，尤其是在现代社会高度专业化的时代，每个领域都高度地依赖于权威专家。而这些专家一旦离开了自己的领域，也就成为了普通人，在了解其他知识的时候，必须依靠其他的专家。

然而，网络中一种所谓"民主化"知识生产与传播，正在消解权威的作用，损害人类的知识。"维基百科"就是其中一个突出的代表。

维基百科自称为自由的百科全书。[①] 维基百科网站对自己有详尽的介绍。维基百科是一项雄心勃勃的计划，它是想通过互联网，调动利用全球的知识资源，编辑内容开放的，涉及人类所有知识领域的百科全书。维基是 Wiki 的中文音译，Wiki 是一种网络技术，是一种开放的、可供多人共同创作的超文本系统。因此，Wiki 有时也意译为共笔。Wiki 网站允许任何造访他的人添加、删除和编辑所有的内容，而且通常不用登录，从而形成了实际上的团体写作。[②] 所谓的维基百科，就是以这种开放的、自由的方式编辑的百科全书，不管你是谁，不管你是哪国人，不管你的知识水平，你都可以编辑词条，同时，你也可以修改、删除其他的词条。

维基百科这种编纂方式立即吸引了许多人，让很多人过了一把撰写词典的瘾，维基百科的影响力也迅速提升。自 2001 年 1 月 15 日维基百科成立之日起，维基百科成为全球第六大网站，已经撰写的词条达到几百万条。2002 年，中文维基百科创立，现在所撰写的词条已经达到了30 多万条。

---

① 维基百科网，http：//zh. wikipedia. org/wiki/Wikipedia；% E9% A6% 96% E9% A1% B5。

② "Wiki"，维基百科，http：//zh. wikipedia. org/zh－cn/Wiki。

维基百科鼓励更多的人进入维基百科进行写作，它相信更多的眼睛会发现更多的错误。这句话看起来没有问题，符合人们的认识常理。但是，如果是像农业社会那样，一群人到收割完的麦子地里拾麦穗，当然是拾麦穗的人越多，丢下的麦穗就越少。然而，在科技高度发达，社会分工高度发达的现代社会，每一个领域在知识上最有发言权的是权威专家，而对普通人来说，有可能连相关的材料都看不明白，更别说讨论相关问题了。所以，仅仅是人多，未必就能发现错误，更不要说清楚地解释问题了。

维基百科的编纂坚持所谓的"民主"原则。不管任何人，不管是什么样的知识水平，都有同等的权利，都可以撰写词条，也可以修改其他词条。威廉·康诺利博士在英国剑桥大学任教，是研究全球变暖的专家，也是英国基地考察团的成员，在这个领域颇有建树。但是，当他坚持要求一名编辑修改"全球变暖"词条中错误的时候，却受了网民的围攻，这些网民不是探讨威廉·康诺利博士的观点或者那个"全球变暖"谁对谁错，而是指责威廉·康诺利博士违背"民主"原则，容不下别人的观点。他因此受到了维基网站的惩罚，被限制每天只能修改一次条目[①]。

实际上，维基百科曲解了民主原则，尤其是在知识领域。从最理想的状态来说，科学是讲权威的，同时，科学也是讲民主的。任何科学研究都需要长期的专业学习，既有知识的学习，也有实验技术的学习，当然还包括经验的积累。所以就专业知识的发言权来说，科学家比一般民众更有发言权。而在科学的研究过程中，任何人原则上都是平等的，大家都要讲事实，摆道理，看逻辑推理是否有漏洞，看实验是否设计合理，推论是否正确，大家都有平等的发言权。所以，知识领域中的民主原则，是指在知识生产的过程中，每个人都有平等探讨、说话的权利。

---

① ［美］安德鲁·基恩：《网民的狂欢——关于互联网弊端的反思》，丁德良译，南海出版社2010年版，第42页。

但是，正确的结论只能有一个。不是每个人都有宣布自己正确的权利。

所以，在专业知识词条的撰写上，专家权威确实比普通人更有发言权，因为他的发言权不是个人赋予，它是科学家共同体在民主原则下经过不断辩论、研讨中确证的知识。而更多的普通人的看法，充其量不过是业余爱好的观点。不是两种人存在人格和社会权利上的不平等，而是他们所阐述的知识的不平等，一个是对的，一个是错的。

但是，维基百科以"民主"为标榜，声称专家和普通人都有同等的权利，都可以撰写、修改、删除词条。那么，是谁在写词条，是谁在修改词条？一个人修改另一个人的词条，或者，一个普通人根据自己的愿望和看法修改专家写的词条，谁能保证这些知识是正确的呢？另外，所谓开放式写作，也就是说通过超文本链接，整个维基百科的内容空前膨胀，同时，每个词条的内容有可能被无数人修改，不断变动。这就好像是一幅会变动的地图，它在不断地扩张，但是，地图上的每个标记都在不断变化。面对这样的地图，行人能够找到正确的道路吗？同样，面对这样百科全书，你能确保获得正确的知识吗？

维基百科的影响却已到了可怕的程度。虽然它自己声称这些知识的准确性不能确证，最好不要作为专业研究的参考。但是，这个不断膨胀的、不断改变的、庞杂的知识体系对于普通人会产生什么影响呢？尤其对那些正处于学习阶段的儿童和青少年会产生什么样的影响呢？无疑，这将严重危害人类知识的传承与健康发展。

应该说，在文化传播极端自由的网络时代，人类的知识生产和传播体系受到了极大冲击。在这个时代的每一天，很多网民都在不断地把自己的认识和观点转变为文字，不断地传送到网络上，各种错误的观点、荒唐的看法和知识谬误在互联网上迅速传播，正在影响着人们的知识体系。维基百科只不过是一个极端的代表而已。

（二）谁是网络守门人

"每个人都在拼命地展示自己，可没有一个人愿意倾听。"①

这是美国的媒体人安德鲁·基恩在参加了一次"FOO"露营之后，对 Web2.0 时代的感叹。安德鲁·基恩是美国第一轮网络淘金热的成功者，他对网络充满了幻想，希望让世界充满了音乐，人们随时可以在笔记本电脑上听到古典的和现代的最优美的音乐。因此，他创立了 Audio-cafe 网。但是，一次名为"FOO"露营的网络媒体人聚会，让他一下子从网络乐观主义者转化为悲观主义者。

"FOO"露营是一个名为 Friends of o'Reilly 的露营活动。O'Reilly Media 是一家网络传媒公司，每年秋天传媒公司邀请合作者参加一次风格独特的露营活动。"FOO"露营遵循自由开放的参与原则，每个人都是发言人，但是每个人都不是主持人。没有观众，只有参与者。人们在这里露营、烧烤、庆祝，庆祝网络民主化，庆祝高贵的业余者即将颠覆传统权威。但是，安德鲁·基恩发现，这些露营者根本不讨论问题，也不倾听别人的意见，而是争相发言，只有那些声音最大、最执著、最能阻止别人的人才能发出声音。安德鲁·基恩忽然意识到，未来的网络民主化就是这个样子。在这个时代，具有最高水平的音乐将被淹没在业余爱好者制造的杂音之中。

安德鲁·基恩所预言的这种极端自由状态在中国已经出现了。据中国政府 2010 年 6 月 8 日公布的《中国互联网状况》白皮书介绍，"中国现有上百万个论坛，2.2 亿个博客用户，据抽样统计，每天人们通过论坛、新闻评论、博客等渠道发表的言论达 300 多万条，超过 66% 的中国网民经常在网上发表言论，就各种话题进行讨论"。② 今天，大家都有

---

① ［美］安德鲁·基恩：《网民的狂欢——关于互联网弊端的反思》，丁德良译，南海出版社 2010 年版，第 29 页。

② "《中国互联网状况》白皮书"，2010 年 6 月 8 日，人民网：时政频道（http：//politics. peo-ple. com. cn/GB/1026/11813615. html）。

了发言展现自己的能力，而且，大家也正在忙于发言，写博客，做照片，上传视频，但是，有多少人在倾听呢？在网络传播极端自由的时代，演员的"表演"无人喝彩，反之，观众很难看到精彩的"表演"，"演员"与"观众"都陷入一种很吊诡的境地。

作为"演员"，网友们忙着写博客，发照片，做视频。但是，很多人的作品无人问津，顶多是几个同学朋友相互捧场，互相赞美。在论坛或 BBS 中发帖的网友尤其会有切身体会。每个人都在迅速上传自己的帖子，每个人的帖子又都迅速被别人的帖子压到下面。一个帖子如果写得好，刚传上去的时候，会引来网友观看、评论和赞美，但是，一天过后，这个帖子就已经被新发的帖子排挤到后面，偶尔会有几个人观看，但已经很少有人写评论了，而一周之后，这个帖子基本就没人看了。当然，水平极高的网友发表的帖子会被"置顶"，但是，这样的待遇只有很少人能够得到。很多人网络作品的生命，只存在于刚刚发布的那几个小时，有的甚至只有几十分钟。

而"观众"在这个网络传播极端自由的年代，也很难看到精彩的网络作品。

"观众"面对的是一个无穷无尽的信息海洋。但是，信息多并不意味着是好事情，人们首先要能判断信息，之后还要能选择信息，这将耗费人们大量的精力。在真正的日常生活中，关键的信息要少而不是多。比如到车站接人，人们都是描述主要特征，中等个头，有点胖，左眉毛边上有块疤，而根据这几个特征，人们就能找到要找的人。反之，如果提供身高臂长腰围等100多条详细信息，人们往往失去了要点，抓不住关键信息，反而找不到人。

在网络中，有无数的文章、博客、评论、照片和视频，但是其中大多数人都是没有经过专业训练的网友即兴之作，水平实在不敢恭维。互联网传播技术解决了传播的技术问题，网友们发表自己的文章、照片和视频已经非常容易。但是，互联网不能解决作品中的文化水平问题。在现实世界中，主要的文化领域（文学是个例外）的从业者都要经过长期的专业学习和训练，还要经过实际工作的磨炼，获得丰富的经验，才能成为合格的文化工作者，如记者、编辑、技术人员、学者、评论家无不如此。这些人成为了文化的守门人，他们要保证文化作品质量，保证它们的真实性、正确性和艺术性。网络传播的极端自由让网友们轻易地绕过了这些守门人，可以随意地发表作品。这种极端自由也严重地降低了网络中文化作品水平，网络文化作品成了文化大杂烩。

打开一些人的博客，都是些絮絮叨叨的生活琐事，既无思想，无趣味，也无文采。打开视频网站，看看那些网友自拍，除了一些突发事件能够引起人们的兴趣，更多的是日常生活的猫狗花草，甚至是一些无聊的偷拍，而且拍摄水平很差。网络中有的信口开河，还有真假难辨的新闻，有貌似专家式的各种评论，各种相反的言论满天飞，你不知道这些发言人是谁，你也不知道该听谁的。在信息能够自由传播的年代，人们却越来越难判断这些信息的真实性，很难判断他们的价值。也许，这就是所谓"注意力"时代的困境，可看的东西越多，能吸引人注意力的东西就越少。网络的作品越多，能引人兴趣的东西就越少！

网络上也确实有少数点击率高的博客和视频，它们可以分为几种情况：第一种是作者本来就是名人，如郎咸平、徐静蕾。郎咸平凭借的是扎实的经济学素养及通俗的讲解，再加上略带夸张地语言风格引起人们的注意，他的高水平经济分析是他引起关注的关键。徐静蕾的博客实际上很少有思想性和艺术性，但是它满足了人们了解明星日常生活的好奇心理。第二种是匿名的但确实能拿出高水平的作品，比如经常在乌有之乡网站上传作品的"黎阳"，文章嬉笑怒骂很有文采。这些匿名作者中实际上很多也是专业研究人员，喜欢自由自在地发表作品，讨论有争议的话题。第三种是关于重大事件的博客和视频，如汶川地震亲历者的视频。第四种是攻击伟人、颠覆历史，故作惊人之语。第五种是以出丑搞怪来吸引别人，如"木子美"、"芙蓉姐姐"。第六种是揭露别人的隐私，如宋祖德的博客和"艳照门"事件。

在这些作品中，第一种和第二种是非常少的，因为它需要非常高的专业素养和才华。第三种作品不在于作者的水平，而在于事件本身惊心动魄，这种作品是可遇而不可求的。不客气地说，网络中点击率高的作品中大部分是后面几种，如"木子美"、"芙蓉姐姐"和"宋祖德"式的作品，以吸引人的眼球为目标，不怕争议、不怕挨骂，甚至不怕官司，惹的麻烦越多，作者越出名，点击率就越高，商业价值也就越高。在极端自由的网络中，你拿他没办法。

人们常说网络是网民的狂欢，但是，这种狂欢有极大的破坏性的。它摆脱了社会现实中的一切束缚，无所敬畏，颠覆权威，蔑视一切，打破神圣与粗俗、崇高与卑下、明智与愚蠢的界限。如果是现实生活中的狂欢节，偶尔的放纵无伤大雅，反而充满了趣味。但是，网络中这种无休无止的颠覆活动，会对文化造成极大的伤害。

我们常说高雅文化，人们总是有一种误解，似乎高雅文化知识属于精英人物。这种想法完全错了。高雅文化涉及真、善、美等三大领域，它是人类文化长期积淀的精髓，它要通过特定的文化教育，让普通大众能够接受、欣赏、品味，同时，大众在欣赏高雅文化的同时也不断提升自己、完善自己。最成功的文化作品，往往是雅俗共赏的。当然，高雅文化的门槛很高，有我们所说文化守门人把守，他们不是为了把普通百姓排除在高雅文化之外，而是把低俗的文化作品排除在外，他们最大的作用就是保持文化的品质，保证文化的发展。

可是，网络文化传播的极端自由，打破了传统的文化机制。在巨大的网络空间，实际上，每个文化创作者也是文化欣赏者。没有了文化守门人把关，每个人在高高兴兴地发表作品，同时，却发现自己看到的更多的假冒伪劣、粗俗不堪的作品。没有了这些文化守门人，"维基百科""恶搞"视频之类娱乐文化将会不断侵蚀、颠覆高雅文化，颠覆人类文化长期积淀的精髓。

网络时代，我们更需要文化守门人！

再添一重困境：虚拟与现实的两重性

白天与黑夜是人类精神生活的两个极端相反的象征。白天象征秩序、理性、生长和约束；而夜晚则让人想起放纵、迷醉、欲望和鬼怪精灵。今天，由网络产生了虚拟与现实的两重性，现实世界就像白天，人们遵循着理性和道德的原则工作、交往，社会按照特定的秩序在运行；而虚拟世界就像黑夜，一些人开始放纵起来，无所不为。网络成了放纵、迷狂、罪恶之地，社会的主流价值观在此消融殆尽。

（一）虚拟世界中的"化身博士"

英国文学家史蒂文森有一部非常有名的小说《化身博士》，也有翻译成《吉基尔与海德》。吉基尔是一位医学博士，是一位学识渊博、品格高尚的医生。他通过研究发明了一种药水，这种药水能够使人的身体迅速发生改变。吉基尔忍受不了自己发明的诱惑，好奇地喝下了药水，他的身心发生了巨变，他成了相貌丑陋、品质低下的海德，而他喝下另一种药水，又变回了吉基尔医生。从此，这位医生就开始过起了双重生活。白天，他是温文尔雅、道德高尚的吉基尔医生，而晚上，他喝了药水之后，他的身体变得矮小，身上长出了绒毛，像个年轻人一样充满力量，成为了性格粗暴异常的海德，在夜色中任意放纵自己的欲望。在开始的时候，吉基尔只是好奇，但是后来，他发现自己实际上很喜欢成为海德，而且变成海德的时间越来越多，越来越控制不住自己。医生就挣扎在这两种面孔和两种生活之中，最后结束了自己的生命。

"化身博士"实际上是双重人格的化身，善与恶在人的身上分化对立。可以说，史蒂文森是以一种文学的形式形象地揭示了弗洛伊德的理论。每个人生下来时身上都充满了动物性的欲望，但是，面对社会大环境，每个人都要调整自己，适应社会的各种规范，逐渐形成现实中的自我。但是，在自我背后，是被压抑的原始欲望。中国古代荀子说"化性起伪"，宋明理学所说的"天人之争"指的都是这个意思。社会中的人，都有"伪"的成分。当然，有一些人能够经过修养，把外在道德束缚转化为内在的精神境界，但更多的人，是在不断克制、压抑自己的欲望。这都是很正常的。但是，还有一些就如同化身博士，有着双重性格，在众人面前显示的是一副面孔，在众人背后是另外一副面孔。

对"化身博士"来说，他是喝了一种药水，变换成另外一副面孔，借着夜色在城市的角落放纵自己。那么，网络在现实世界之外创造出了一个虚拟空间，"化身博士"可以凭借网络，匿名进入这个虚拟空间，放纵自己被压抑的欲望。

实际上，在互联网出现不久，这种事情就已经出现了。

1995 年 1 月，莫斯科的一位女孩在网上漫游，进入了美国密执安大学校园网一个叫做 alt. sex. stories 的新闻组，看到了一个叫杰克·贝克（Jack Beike）的人的主页，里面是他写的小说。在他的主页上写着提醒，让人们不要再前进了，小说里面有非常恐怖的内容。女孩打开了一篇名字叫做 Doe 的小说，这个小说把小姑娘吓坏了，里面的内容极其恐怖，写的是强奸、虐待、杀人。小姑娘把这件事告诉了他的父亲，巧合的是，他的父亲有一位朋友是来自美国的律师，正好毕业于美国密执安大学，这样丑恶肮脏的东西居然出现在校园网上，这位律师非常震惊和气愤，打电话质问密执安大学校方。大学校方根据小说作者的留名，开始注意杰克·贝克这个人，检查了他的宿舍和电脑，发现了一些同类小说的草稿，还有和一位加拿大人的 E－mail，讨论如何在生活中真正实施那些小说中的情节。杰克·贝克因此被学校开除，并受到起诉。[①]

这件事情过去十多年了。不过，你在 Google 站中输入 Jack Baike，

---

① 胡泳:《另类空间——网络胡话之一》，海洋出版社 1999 年版，第 198～201 页。

还可以检索到一些网页，包括事情的经过、案件的争论，甚至还有杰克·贝克当年所写的小说主页，而且，那些淫秽恐怖的小说还在那里。

杰克·贝克当时是密执安大学的一名学生，当时 21 岁。与人们想象的完全不同，他并不是一个穷凶极恶的孩子，相反，他老实安分，戴着眼镜，瘦弱文静，主修文学、科学和艺术。但是，一到网络上，就像化身博士一样，杰克·贝克就忽然变成了另外一个人。杰克·贝克所写的与其说是小说，不如说是他内心深处最黑暗的、最原始的欲望。但是，他并没有在现实生活中表现出来，而是以小说的方式写到了网上，用一种虚拟的暴力方式来发泄自己的欲望，在虚拟空间中完全放纵自己。

我们所关心的问题是，在匿名的状态下，在网络这个虚拟空间中，人们脱离了社会力量的制约，有可能把人性中最黑暗的一面展现出来，那么，网络空间也就自然成了藏污纳垢之地。而且，网络空间巨大无比，它会把这些原始黑暗的一面无穷放大。更重要的是，这个虚拟空间是真实存在的，它不像人的思想只是存在人的头脑中，任何上网的人就会接触这些东西。

网络中色情、低俗和庸俗的垃圾对一个社会主流价值观具有巨大的破坏作用。人类的价值观和道德规范都是建立在对人的各种原始欲望的约束、驯服的基础上形成的，并通过这种约束，把人的生命力升华到更高的层次上展现出来。但是，网络中的色情、低俗的垃圾泛滥，把人们的注意力和精力都吸引到那里、消耗在那里。这种危害对儿童和青少年尤其明显，他们的身心还未成熟，世界观和价值观还未成型，面对这些网络色情，他们很难正确处理，难免沉溺于其中，毫无意义地消耗大好年华，甚至走上犯罪的道路。

息欲不能用纵欲的办法。在《化身博士》小说中，吉基尔医生喝药变成丑陋粗俗的海德，后来他发现自己喜欢变成海德，越来越控制不住自己，有时候身体会自己发生变化。在海德越来越强大的时候，吉基尔医生就越来越弱小。这是史蒂文森的隐喻，在无节制地放纵原始欲望的过程中，道德的力量就会逐渐变弱、消失。今天，在网络中隐匿着人类最阴暗的一面，而且会无穷地放大阴暗面，还会纵容这种阴暗面，在这个过程，一个社会的主流价值观会不断地被侵蚀、动摇。

（二）虚拟世界中无所不为的"蒙面人"

"月黑风高夜，杀人放火时"。这是中国传统评书开篇经常用的开篇词，到了晚上，伸手不见五指，这时，强盗就会换上夜行衣，借着夜色掩护，蹿墙越户，杀人放火。在网络时代，一些人在网络中，匿名游荡，进入个人或者机构，窃取别人的秘密，随意地侵害别人的利益。

在杰克·贝克这个案例中，他实施的只是文字中虚拟的暴力，而且没有匿名，所以人们能找到他，虽然没有判刑，但还是被密执安大学开除了。但是，就像古代夜晚出没的"蒙面人"一样，一些人凭借着网上匿名掩护，开始实施真正的暴力。

2003 年夏天，美国俄克拉荷马州的保罗·费尔柴尔德和家人准备去俄勒冈州参加妹妹的婚礼，但是，他忽然发现，自己的信用卡用不了了。通过客服中心查询，结果让他大吃一惊，在纽约有一个人通过互联网盗用他的身份，已经用他的卡花掉了 50 万美元。这无异于晴空霹雳。保罗·费尔柴尔德是一个普通人，家中有妻子和两个孩子，完全靠租借过日子，省吃俭用，不敢乱花一分钱。[①] 在过去，强盗顶多拿走你所有的东西。但是，现在，在毫不知情的情况下，他被人偷走了自己从来没有拥有的 50 万美元，如果它不能证明自己，他就要为此承担责任。不过，幸运的是，这位先生花了两年时间证明了自己，他没有赔付 50 万美金，但是，他不得不花费了大量的时间和一定律师费。

应该说，保罗·费尔柴尔德还是幸运的，他损失了一些钱和信用，

---

① ［美］安德鲁·基恩：《网民的狂欢——关于互联网弊端的反思》，丁德良译，南海出版社 2010 年版，第 170 页。

但是，他没有损失尊严。现在还有大量的网络暴力是通过窃取个人的隐私，尤其是名人的隐私，进行敲诈勒索。

2008年年初，由匿名人向英皇娱乐进行勒索被拒绝。之后不久，几百张香港影视明星的艳照不断被人匿名在网上发布，其中很多都是最当红女艺人的私密照片。这些照片迅速在网络上传播、转贴、点击，引起舆论哗然，被人们称为"艳照门"的娱乐事件。

设身处地想一想，不要说公众人物，就是普通人的私密照片被别人得到，到处张贴，被无数人议论纷纷，其心情也是可想而知。这件事对当事人的事业、家庭和心理造成了极大的伤害。

另外，这件事还给社会心理造成了极大伤害，尤其是青少年的道德观念。在大众文化流行的时代，大众文化成为传播价值观的重要渠道之一。不管是什么类型的大众文化，总要给观众传播一定的价值观念和生活方式。在一定意义上，大众文化中产生的演艺明星就是这种价值观和生活方式的代言人，他们是年轻人，尤其是学生的偶像，年轻人总是在自觉不自觉地模仿、学习他们。但是，"艳照门"事件暴露了演艺圈中肮脏糜烂的一面，对年轻人的心理产生了极大冲击。一些学生因为偶像倒塌而出现心理迷茫，走向极端的愤世嫉俗，不相信任何人。而一些中小学生开始模仿艳照里的动作，上传自拍的性感照和裸照。[1] 这些行为确实应值得关注。

在网络时代，我们每个人都面临着一种风险，我们存在电脑中最私密的文件，随时都可能被别人获得，我们随时都有可能在网络上被人剥得一丝不挂。我们也随时可能受到网络"蒙面人"的侵害。你在网上漫游时，在点击各种网站的时候，或者在下载文件时都有可能染上病毒，这些"蒙面人"通过这样的途径就能轻易地进入你的电脑。如何才能保护我们的秘密不受这些网络"蒙面人"的侵害？很难！如果确实有

---

① 左伟清："艳照门——透视下的时代病灶"，载于《中国青年研究》，2009年第1期。

"不可告人"的秘密，专家的建议是，删除和格式化电脑都是不彻底的，你要将这些文件粉碎才行！①

实际上，这样也不行！除非你在网络中没有任何交往。

2005 年 2 月，一些人非法进入位于亚特兰大的 Choice Point 公司数据库，这里有几乎所有美国人的背景材料。② 也就是说，发生在保罗·费尔柴尔德身上的事情，随时可能发生在这些美国人身上。2006 年 8 月 6 日，美国在线（AOL）将 65.8 万网民的搜索数据公开。就在这一天，电脑"黑客"进入网站下载了这些数据，并粘贴在其他网站上。③这些数据中，有一些是网民最隐秘的信息。这些信息是一些网民对于一些最隐秘的事情羞于启齿，而在搜索引擎上寻找答案。但是，正是这些搜索引擎，把他们赤裸裸地暴露了出来，就是说，这些人的隐私，已经在网上任人观看。

当今，一些搜索引擎的技术进一步发展，不仅可以搜索到你的信息，而且会脱掉你的马甲，揭露你的真实身份。或者说，网络隐身对普通人来说只是一种幻觉，对掌握着一定技术的人来说，你根本就是透明的，没有任何遮挡。这些网络蒙面人可以为所欲为，而普通人的网络安全却越来越差。当人们隐藏最深的私密随时有可能被侵害、被利用，当人们可以心满意足地偷窥到别人的秘密，而自己也可能被别人偷窥的时候，我们怎么可能营造出一个健康和谐的网络文化呢？

（三）无国界的虚拟世界和网络文化帝国主义

1996 年 2 月 8 日，美国总统克林顿批准了《通信正派条例》（CDA）。这个条例规定，在儿童可以接触的公共计算机网络上传播或容许传播具有猥亵意味的与性相关的材料将被视为犯罪，违者处以 25 万

① 马华："艳照门之后——如何保护你的隐私文件"，载于《信息网络安全》，2008 年第 4 期。
②③ ［美］安德鲁·基恩：《网民的狂欢——关于互联网弊端的反思》，丁德良译，南海出版社 2010 年版，第 165、164 页。

美元罚款和两年徒刑。这是一些美国国会议员推动的反网络色情活动一个重大举措。但是，这个条例引起了轩然大波，引起了无数网民的愤怒，认为它违背了美国人所珍视的"自由"。1997年7月，美国最高法院正式裁定《通信正派条例》（CDA）无效。[①] 在这之后，美国政府只能退而求其次，提出普及网络过滤技术方案。但这种普及没有强制，只是依靠公民的自觉。这样，对于网络中各种色情言论和行为，美国政府只是保持最低限度的干涉。也就说，美国政府不再干预网络中的色情活动和交易。从此之后，美国网络中开始色情泛滥。2007年，美国新罕布尔什大学儿童犯罪中心对1500名10～17岁儿童进行电话调查，其中42%的孩子受到过网络色情的影响。[②] 这已经成了美国家长最头疼的问题。

美国人怎么保持自己的自由，怎么选择自己的生活方式，这是美国人自己的事。但是，他们却给其他国家出了难题。鼠标一点，一个中国学生就可以随意地进入美国的色情网站。美国的网络色情不仅影响美国的少年儿童，也会影响其他国家的少年儿童。其他国家制定的各种限制网络色情的政策和法律，在美国网络色情的冲击下，很难达到预期效果。在网络时代，一个国家管理自己文化的能力受到了影响。

日本思想家大前研一预言随着全球化的进程，国家即将消亡，将会出现一个无国界的世界。但是，全球经济危机在国家间引起了激烈的矛盾，国家在贸易、汇率、环境等争端中发挥着主导作用，大前研一的预言还是有些早。但是，网络中确实出现了无国界的世界，一个人可以随意地在虚拟空间漫游，这里有无数的网站、节点，但看不到国家和疆界，国家的作用被消解了。美国的网络色情给其他国家的冲击就是一个明显的例子。但是，这还只是一个浅层次问题，在更深层

---

① 胡泳：《另类空间——网络胡话之一》，海洋出版社1999年版，第71～72页。
② ［美］安德鲁·基恩：《网民的狂欢——关于互联网弊端的反思》，丁德良译，南海出版社2010年版，第152页。

次上，这个无国界的虚拟世界给西方的文化帝国主义和文化侵略提供了更便利的条件，发展中国家的文化主权面临着极大的挑战。

文化霸权主义实际上是霸权国家输出自己的价值观念和生活方式，同化其他国家的文化，从而达到自己的政治经济目的。当今，在全世界推行文化霸权主义的无疑是美国，它凭借着强大的文化产业，占领世界文化市场。通过其他国家的民众消费这种文化产品，美国的时尚、风格、品位，以及隐藏其后的价值观和生活方式，就会不知不觉地被人们所接受。这是一个美国的文化入侵和其他国家的文化受到侵蚀的过程。

美国推行文化帝国主义可以说是煞费苦心。一种方法是抓住你的软肋，强迫你打开文化市场。"二战"结束后，在美国扶助欧洲的马歇尔计划中，其中一个附加条件就是法国必须放映美国电影。① 另一种方法是诱导，在20世纪六七十年代，拉美和非洲等第三世界国家希望发展广播传媒事业，但缺乏资金制作节目。它们向美国购买传媒设备后，却无力制作节目。美国公司利用这个机会，把传播设施—销售设备—服务承包—生产节目打包，进行捆绑式销售，既卖设备，又卖产品。而且，这些产品在国内早已收回成本，所以，往往以低廉价格外销。这些国家的广播电视的黄金时间放映几乎都是美国的节目。这极大地冲击着这些国家的文化。还有一个办法是渗透，由各种基金会出面，资助文化交流，或者资助学生或学者到美国留学，或者派学者到当地讲课，培养亲美知识分子，帮助这些学者占据教育、科研和传媒等文化中枢，逐渐影响民众的思想观念，甚至影响上层决策。可以说，美国的文化霸权是精心战略筹划的产物，付出了巨大的人力和物力。

但是，网络时代，虚拟空间削弱了国家的控制力，美国推行文化帝国主义更是顺风顺水了。美国不必再用援助强迫或引诱其他国家开放文化市场了，传统的大众文化产品都可以在网络上找到自己的位

① ［美］威廉·恩道尔：《金融海啸——一场新鸦片战争》，顾秀林、陈建明译，知识产权出版社2009年版，第225页。

置，一个人如果喜欢好莱坞电影，他可以找到相关的网站，在任何时间都可以观看，还不受过去电视和电影院线的限制。而且随着视频技术的发展，网络视频观看影视的效果已经和有线电视没有什么差异了。网络打破了一切界限，以好莱坞为代表的美国文化产品可以瞬间来到任何一个角落，当然，这个地方一定要有网络。

如果说美国在文化冷战和颜色革命中，由各种非政府组织出面，到当地选择文化代言人，发展、组织各种文化团体，召开各种学术会议，传播美国的意识形态，这些行为现在可以改在网络上进行，而且更加隐蔽。就像索罗斯资助的"全球在线"网站一样，可以完全设在美国，把当地国的各种反对、挖苦政府的言论和行为加以编辑，大肆宣扬。而且这些国家的政府还没办法，因为美国言论自由，政府干涉这些网站就违法了。当然，还可以开设专门的论坛、聊天室，一谈美国就欢呼，一谈当地政府就谩骂批评，当然，最好还要显得有些学术色彩。

在颜色革命中，有不少人是被收买上街游行，制造声势。这种事也被用在了互联网上。在网络上有一些文章揭露，美国和日本出钱雇佣枪手，占领 BBS。[①] 这些人被网友们称为"网特"，也就是网络特务，他们有的是中国人，有的是外国人冒充中国人，不断发表言论，赞美美国，同时，制造谣言，混淆是非，攻击中国政府，恶意引导舆论方向，制造思想混乱，不断侵蚀人们的价值观，尤其对年轻人的价值观影响非常大。实际上，这是一种网上"颜色革命"，通过制造舆论，激化社会矛盾，破坏中国政府的合法性，削弱政府的控制能力。这已经比文化侵略更进了一步，是文化颠覆了。

所有这些行为，都是在虚拟空间中进行的，不管在国内还是国外，都难以控制。网络文化帝国主义对中国的文化主权提出了强有力的挑战。

---

① "美日高薪雇佣'网特'占领 BBS 专事反华调查"（http：//www. qianlong. com/3317/2004/02/05/225@1862792. html）。

中国社会的发展：构建社会主义核心价值体系

只有社会主义才能救中国，只有社会主义才能发展中国。在大工业时代，能否实现工业化成为了一个国家生存和发展的关键。像中国这样的后发国家，只有凭借强大的国家能力，才能完成这一历史任务。中国的社会主义基本制度给国家带来了强大的国家能力，中国在短时间完成了初步工业化。在改革开放的新时期，中国面临着产业升级，提升在国际分工中的地位这一继续工业化的任务。只有继续坚持社会主义，走中国特色社会主义的发展道路，才能维护、提升国家能力，完成这一任务。因此，中国必须坚持中国特色社会主义、构建社会主义核心价值体系，引领多元化的社会思潮，提升社会主义意识形态的领导力、凝聚力和吸引力。

（一）工业化、国家能力和社会主义

2007年自美国金融风暴引发世界性经济危机以来，一些宣传"大市场，小政府"、"华盛顿共识"声音沉寂了下去。美国人在金融危机中根本不按照他们所宣扬的"共识"原则做事，从天量救助资金到国有化再到贸易保护主义，美国政府在经济活动中的作用一览无余，这确实与"大市场、小政府"之说差距太大了，更违背了和扭曲了所谓的"市场自我完善、自我调节"的机制。面对美国政府的这些行为，把美国描绘成"自由市场理想模型"的并加以推崇的一些学者，脸上确实挂不住了。

美国政府在金融危机中采取的措施没有错，错的是一些人的思维方式。美国人的目标简单明确，想尽办法，解决问题，任何方法和手段都要服从目标。而我们一些学者的错误在于把各种理论、方法、行为原则从社会实践中抽象出来，看不到实践中要解决的问题，而是抽象地照搬这些理论、方法和原则,用它来"套"社会实践和现实,凡是与此不相符,就指责社会实践违背了这些理论、方法和原则,也就是我们常说的教条主义。

在中国的改革开放过程中,以新自由主义为代表的社会思潮一直宣扬"大市场、小政府"的自由市场经济理论和自由放任的"华盛顿共识",把中国的改革进程描绘为"政府不断退出,市场不断扩大"的过程。而与此相对应的过程,就是要求思想领域放弃社会主义意识形态的主导地位,实行多元化和自由化。

这是一股非常强大而且非常有蛊惑性的社会思潮,但这是一种错误思潮。

"最简捷地解释这 500 年以来世界史的消长,其核心实际上就在于'国家能力'这一点上。"① 近代以来,国家能力是一个国家是否能够生存发展的关键因素,而中国尤其如此。

要解释清这个问题,最重要的要解释清中国近现代以来的历史任务是什么?如何才能实现这个历史任务?

救亡、图存和发展是中国近现代史的主题。

西方资本主义产生以来,资本主义世界体系不断扩张,古老的国家不断被纳入其势力范围。这种扩张既有经济扩张又有军事征服。与西方自由主义经济学描述的自由市场凭借其生命力不断扩大,给全世界带了富裕繁荣完全不同。西方资本主义国家形成了军事、金融和国家高度一致的新型民主国家,国家能力远远超越以前的国家形式。在随着国家能力不断扩张、不断征服的过程,西方的现代大工业发展了起来,这反过来更加强了西方国家的国家能力。面对西方咄咄逼人的扩张,传统社会主义国家的国家能力已经无法应对外部挑战。随着西方的经济、政治和文化入侵,这些国家传统的农业社会开始解体,但是,在外部强有力的

---

① 韩毓海:《500 年来谁著史》,九州出版社 2009 年版,第 2 页。

资本主义竞争面前，这些国家又不可能走上西方的资本主义道路。正如毛泽东同志所说的，"要在中国建立资产阶级政权的资产阶级社会，首先是国际资本主义即帝国主义不容许。帝国主义侵略中国，反对中国独立，反对中国发展资本主义的历史，就是中国的近代史"。①

为了救亡图存，中国近现代最核心任务就是建立现代化的大工业体系。

在资本主义激烈竞争的年代，大工业体系为经济竞争和战争奠定了基础。在资本主义经济体系中，任何一个行业都是弱肉强食，传统的农业体系在大工业面前只能不断瓦解走向灭亡。而国家之间的战争胜负的一个关键因素就是国家的工业发展程度。抗日战争中，与中国军队作战的日本军队体现出了超强的战斗力。但是，在同时期的"诺门坎战役"中，日本精锐却惨败在苏联军队面前。这是现代工业的差距。在《共产党宣言》中，马克思和恩格斯早就敏锐地提出了这个问题。"资产阶级还是挖掉了工业脚下的民族基础。古老的民族工业被消灭了，并且每天都还在被消灭。它们被新的工业排挤了，新的工业的建立已经成为一切文明民族的生命攸关的问题。"②

提升中国的国家能力是完成这一历史使命的前提，但是，一直到新中国成立之前，人们找不到提高国家能力的途径。

清政府洋务运动的失败证明，清朝的传统封建式国家无力完成这个任务，它对外不能御敌，对内不能安邦，更不要说建立工业体系了。这才有了不断的改革和革命。这是中国传统社会面对外部资本主义的巨大压力做出的反映，并不是说几个激进知识分子就可以挑动的。现在一些人总是用"自由市场＋民主"的社会模式批评一切，认为中国引进这个模式早就发展起来了。实际上，在当时，放任市场只能加速外来资本的入侵，加速社会解体，迅速成为西方的殖民地。"五四运动"以后，

---

① 《毛泽东选集》（第二卷），人民出版社1991年版，第678页。
② 《马克思恩格斯选集》（第一卷），人民出版社1995年版，第276页。

"科学"和"民主"又成为了一面旗帜，似乎这二者就能解决中国的问题。即使到现在，国人不管干什么，都有一种法宝心态，就是"一……就……"，总想找到一个什么东西，一下子解决问题。实际上，中国当时已经建立了宪政制度，也实行了多党制，也是市场经济，但是，到了20世纪30年代，面对空前紧张的国际局势和外来侵略的危险，一些受过美国教育的、深受民主观念熏陶的知识分子，开始呼吁"专制"、"独裁"，认为这样才能解决中国的问题。[①] 实际上，这些观点针对的是民国政府的国家能力弱小，不能解决中国问题，尤其是在战争中决定命运的工业化问题。1927年到1937年被称为"黄金十年"，经济也是快速增长，但增长的主要是轻工业，日本一开战，一切付之东流。而斯大林以铁腕推动苏联以重工业为中心的超高速工业化，两个五年计划苏联成了工业强国，战胜了德国法西斯，成为与美国抗衡的大国。还有一点，斯大林用铁腕把国家一切劳动剩余投入了苏联的工业化，蒋介石用独裁把中国的财富装进了几大家族的腰包。

在马克思主义指导下，中国建成了社会主义制度，才真正解决了提升国家能力的问题。

社会主义制度能够集中力量办大事，这是人们常说的一句话，指的就是国家能力的问题。在社会主义基本制度建设时期，中国的所有制是公有制，包括全民所有和集体所有，整个经济体制实行计划经济，与此相对应的是高度统一的政治体系和文化体系。文化体系的特点就是长于宣传鼓动，能够把国家制定的路线、方针和政策迅速的向下贯彻和传达。国家的控制能力在政治、经济和文化的每个领域都达到了极点。今天一些人不断地诟病这一计划经济体制，但是，它极大地提高了国家能力。国家可以最大限度地把农业领域的劳动剩余集结起来，投入到以重工业为中心的工业化体系建设。而且，社会主义理想、信念也保证了这

---

① ［美］易劳逸：《流产的革命——1927－1937年国民党统治下的政府》，陈谦平等译，中国青年出版社1992年版，第183～184页。

些集结起来的劳动剩余不是成为个人财富，而是最大限度地投入到工业化进程中，并且按计划和比例地发展。社会主义基本制度为中国的现代化进程在经济、政治和文化领域提供了有效的动员机制。尽管在这个过程中存在着缺点、失误，甚至是重大失误，但是，在基本制度建设时期，中国完成了工业化，建成了完整的国民经济体系。

如果国家只是充当一个"守夜人"的角色，在外部封锁包围的情况下，如何才能完成这个历史任务？

只有社会主义才能救中国，说的就是这个意思，在马克思主义指导下，社会主义给中国提供了完成历史任务的现实道路，社会主义理想把中国人凝聚起来，焕发发出巨大的精神力量，在这条道路上不断前进。

（二）八方风雨：挑战与机遇共存的时代

在改革开放的新时期，中国仍然要坚持社会主义，把马克思主义与中国实践相结合，走一条有中国特色的社会主义道路。在这个过程中，国家的能力不是要削弱，而是要在新的历史形势下转变形式，提高运用水平。

中国社会主义建设六十年包括基本制度建设时期和改革开放时期。从落后国家工业化这一历史使命来看，虽然制度的形式有了很大变化，但这两个时期具有内在的统一性。在前三十年，中国人民通过社会主义基本制度，艰苦奋斗，建立了完备的工业体系，从一个农业国转变为一个工业国。改革开放三十多年来，为这个工业体系不断注入活力，不断融入全球经济，参与国际分工的过程。中国已经建立了社会主义市场机制和开放的经济体系。从工业化的角度看，我们现在和未来的任务，就是要在全球竞争中维护并升级工业体系，这仍然是决定中国特色社会主义未来发展的核心问题。

面对这一历史问题，我们面临着更加巨大的挑战。

从国内来看，中国经济发展出现了城乡之间、地域之间的不平衡，收入两极分化严重，矛盾加深，一些政府官员腐化堕落，群体性事件增多，社会上"拜金主义"蔓延，侵蚀社会主义理想信念。从国际上看，在中国不断融入国际政治经济秩序的进程中，一些国际制度也对中国国家能力提出了挑战，限制了国家能力的发挥，比如，WTO 的各种法规就会制约中国政府行为。国际政治经济的大波动也会极大地影响中国，一些国家一直在暗中"分化"、"西化"、"遏制"中国。八方风雨，考验着中国的国家能力。

在所有这些问题中，最核心的问题是，如何维护、提升中国的国家能力，推动中国的工业体系继续发展，实现产业向高端升级。

随着全球化的进程，国家间的博弈出现了新的特征。过去资本主义列强都以各种手段拼命争夺殖民地，现在这些资本主义发达国家都在争夺国际分工的高端控制权。20 世纪 70 年代以来，全球产业出现了高度垄断和全球化的特征。在每个产业中，都形成了寡头垄断，由几家跨国公司垄断市场。同时，这些垄断公司通过子公司、外包网络在全球配置产业链，利用其他国家廉价劳动力和资源。当然，跨国垄断资本在向外部转移制造业的过程也是资金和技术的转移的过程，它能给发展中国家带来宝贵的资金和技术。但是，跨国垄断资本的本性就是要通过占有高端技术垄断市场，争取获得超额利润，同时，通过各种方式，控制外围地区的产业，尤其是它的技术研发能力，根除潜在的竞争者。国际垄断资本并不是简单地消灭你的生产能力，而是要你的生产能力没有自主性、没有持续发展能力，尤其是要消灭你的技术研发能力，从而使你在技术上依赖国际垄断资本，让你永远为它"打工"。

1979 年，中国在东部沿海建立特区，在国家控制下，逐步引进外资，利用西方的资金和技术，补充、完善、提高中国的工业体系，取得了巨大成绩。但是，也要看到，中国的发展目标与跨国垄断资本的利益存在着重大差别。中国的目标是利用外来的资金和技术，提升中国相关产业的技术、产品和管理水平。而跨国垄断资本具有垄断性和掠夺性，它进入中国，必然要追求垄断，消除中国相关产业的可持续发展能力，消灭未来的竞争者。它必然向中国核心战略性企业渗透，或者让它消失，或者通过技术、品牌、销售渠道的控制将其挤压在低端，使其失去未来发展的潜力。现在，中国产业自主创新能力受到侵蚀，技术空心化现象严重。

就以彩电行业为例。彩电在中国有着广阔的市场，中国彩电行业也有自己的名牌企业。但是，在彩电行业从显像管电视向平板电视升级的关键时期，中国彩电行业却面临着技术空心化的尴尬。一台平板电视的"面板"，约占到成本的70%，机芯，也就是"模组"，约占到成本的15%，这两个核心部件占整机成本的85%。与日韩等外资企业相比，中国本土企业在这两类核心部件上的生产能力几乎为零。在平板电视行业的利润分配中，中国彩电行业只能在其余15%的低端中寻找生存空间。① 这个空间只能是劳动力价格、组装、市场营销等环节。面对日韩企业，中国彩电行业的命运堪忧。

一旦跨国资本在各个产业中消灭了中国的龙头企业，尤其削弱了中国企业的技术创新能力，那么，跨国资本的垄断就会形成，凭借产业和技术垄断，把中国压制在产业链低端，形成畸形的国民经济体系，从此彻底打断中国的工业化进程！

如何在开放的条件下推动产业升级，提升自主创新能力？"大市场、小政府"这样自由放任的市场经济体制，只会让西方跨国公司随意进入中国市场，赢者通吃。不断推动产业升级，向国际分工高端挺进是中国工业化这一历史使命的新阶段。要完成这个使命只有发挥中国传统社会主义优势，在国家统一布局下、在国家协调的产业政策下、在国家对关键技术研究的资助下、在国家的保护下，才能完成这一任务。同时，这个过程必然要有相应的政治、经济、文化措施，还必然伴随着与西方霸

---

① 钟庆："中国彩电业的危机、机遇和出路"（http://www.wyzxsx.com/xuezhe/yuchunxiaozhu/ShowArticle.asp? ArticleID=280）。

权国家的博弈。

这需要强大的国家能力！只有社会主义制度才能为中国提供这种国家能力，才能不断提高国家能力，同时，只有社会主义理想的感召力和凝聚力，才能保证国家这种能力有效发挥，完成它所担当的历史使命，实现中华民族的伟大复兴。

（三）用社会主义核心价值体系引领多样化社会思潮

1988 年，著名的德育教育家、演讲家曲啸、李燕杰、彭清一来到深圳蛇口，与特区青年举行了一次座谈会，没料到，这次座谈会发生了激烈的思想碰撞，在全国引起了轩然大波，被称为"蛇口风波"，这是中国意识形态领域具有标志性的事件。

在座谈会中，德育家曲啸把特区的青年人分为两种人，一种是为了国家和集体利益而来的建设者和奉献者；另一类是为了个人利益而来的淘金者，前者是好样的，而后者是非常危险的。但是，曲啸的这种说法引起了争论，很多年轻人根本不赞同曲啸的说法，有的青年很直率表明，来特区就是为了自己，就是为了淘金，不要光讲空洞的大道理。在"蛇口风波"中，还有一个非常著名的片断，三位专家中有一位质问一位青年，问他是哪个单位的，那位青年一笑，很从容地递上自己的名片……

蛇口风波标志着中国意识形态领域的重大变化，这种变化既是内容上的，也是体制上的……

从意识形态变化的内容来说，在价值观上，开始正视个人的现实利益。在新中国前三十年的基本制度建设时期，推崇大公无私，强调集体高于个人，在集体中实现个人，最典型的就是雷锋的"做一颗永不生锈的螺丝钉"，说得哲学一点，不是从个人出发理解个人行为，而是从民族国家的大目标中来定位个人的价值和意义。从更深层来说，这是当时中国进行以工业化为中心的现代化的内在要求。整个国家一穷二白，仅有的劳动剩余都要进行积累投入到工业体系建设中，而重工业投资长，回报慢，而且大都是基础建设。所以，在社会财富匮乏的情况下，不以个人利益，而是以社会主义理想信念激发人民群众建设社会主义的热情，也是很自然的事情。从一定意义来说，当时的人是为了国家民族的长远利益牺牲奉献了自己的眼前利益。现在网络上很多人尖酸刻薄地评论那一时期，作为后辈，对前辈的牺牲和奉献我们还是要保持应有的敬意。

意识形态动员激发的精神力量是巨大的，但不是无穷的，随着社会发展，人们开始正视个人利益。随着中国的计划经济体系不断扩大，产生了经济的动力和效率问题。仅仅意识形态激发出来的精神力量，不可能完全解决这个问题。这样，中国才开始改革开放，从农村经济体制改革、个体经济发展、国有企业改革，都是承认个人利益，并利用个人追求自身利益的动力来推动经济发展。蛇口风波只不过把这层窗户纸捅破了。

还有一个问题就是意识形态体制的变化。在计划经济年代，政治经济文化高度一体化，每个人都在这个体系中。当时，国家意识形态通过这一体制直接灌输到个人。思想问题实际上也就是政治问题。如果一个领导政策水平差，甚至可以把一个人不好的个人生活习惯上升到政治高度。这个意识形态体制是为了计划经济体制服务的，它可以把人的精神力量全部动员起来，投入到国家建设。但是，反之，这个体制也极大地缩小了个人思想空间。这才有那位德育专家问年轻人工作单位的细节，在传统体制中，这是很严重的一件事。

但是，随着经济体制的改革，个体经济、私营经济、外企和合资企业的不断发展，在传统的计划体制之外，出现了新的社会空间和思想空间。在传统的公有制经济中，为了建设社会主义作奉献是对个人行为的理解，并给个人行为赋予了崇高意义。但是，在市场经济条件下，私人企业中每个人都是为了自己，并且追求利益最大化，"经济人""理性人"假设为人们普遍接受，说不上高尚，但也不丑恶。而且，与传统的体制不同，在私营企业中，老板关心的是你为他挣钱，而不是你的价值观念。市场经济中出现的价值观念挣破了原来一体化的意识形态体制。因此，那个青年才能很从容的递上名片。专家和青年实际上是两个体制中的人的对话。

随着市场经济的发展，出现了新的阶层，新的利益和新的生活方式，也必然出现之相应价值观念。经济的多元化必然带来价值观念的多元化。因此，一些坚持自由主义立场的人认为，国家逐渐退出经济，成为守夜人政府，经济自由化，思想观念也必然多元化，这是一个趋势，并且要顺应这一趋势。但是，事情并没有那么简单。前面我们讨论了中国近现代以来的核心任务是工业化，其他的一切都是以此为基础。这一任务还没有完成，中国还要推动产业升级，提升在世界分工中的位置。这一任务不能任由市场来完成，有必要在国家的控制和主导下完成。所以，中国要建设的是社会主义市场经济，由国家指导调节市场。在所有制上，中国要坚持公有制为主体多种所有制并存，只有坚持公有制为主体，才能真正保证国家能力，保证贯彻实施国家的宏观战略，实现中国的产业升级。

因此，在意识形态领域，中国必须坚持社会主义意识形态的主导地位，引领多样化社会思潮，形成一元引导，多元共存的文化生态。这样，形成中国特色社会主义的共同理想信念，抵御西方的意识形态的文化渗透，才能坚持正确的发展方向。

2006 年 10 月 8 日，中国共产党第十六届六中全会提出构建社会主义和谐社会，并提出构建和谐文化，把社会主义核心价值体系作为和谐文化的根本。社会主义核心价值体系包括马克思主义指导思想、中国特色社会主义共同理想、以爱国主义为核心的民族精神和以改革创新为核心的时代精神，还有社会主义主义的荣辱观。社会主义核心价值体系是社会主义意识形态的本质体现，它的灵魂是马克思主义指导思想，它的主题是中国特色社会主义共同理想，它的精髓是民族精神和时代精神。

构建社会主义核心价值体系是顺应时代发展的要求，为中国社会主义建设提供强大的精神力量提供了保障。构建社会主义核心价值体系最重要的一点，就是在建设和谐社会的大背景下，把意识形态的引领性和包容性相统一，最大限度形成思想共识。

所谓尊重多元，并不是自由放任，而是通过一元引导，多元共存的形式，形成社会主义和谐文化。第一，要大力构建社会主义核心价值体系，让中国特色社会主义共同理想为广大干部群众接受，成为自觉的精神力量。第二，对于多样性思想和价值观念，坚持一元引导。一元引导不是用社会主义核心价值体系代替、取消它们，而是在不违背核心价值体系的情况下，丰富多样性，形成一个主导鲜明而形态多样、富有活力的文化生态。第三，用社会主义核心价值体系不断地对各种不良文化现象进行分析、批判和引导，并对文化生态中的其他多样性社会思想文化不断进行提炼和升华，使多样性成为先进文化的一部分。通过引领性和包容性的统一，形成社会主义文化的凝聚力、吸引力，形成真正的引领力量。

（四）任重而道远：互联网条件下的价值观建设

在互联网条件下构建社会主义核心价值体系面临着巨大挑战，任重道远。以互联网为代表的网络信息技术突破了地域和时间的限制，使信息能够瞬间快速传播，深刻地改变了人们的交往方式，推动、加快了全球化浪潮，使整个世界变得越来越小。中国改革开放三十多年以来，政治、经济、文化和社会发生了巨大的和深刻的变化，而这个过程又正好与信息化、全球化的浪潮叠加。这个多重变奏对中国的社会主义核心价值体系建设提出了挑战。

（一）网络时代的文化多重变奏

改革开放三十多年，中国经历了从计划经济向社会主义市场经济转变，从相对封闭自主的经济体到参与世界经济分工的开放经济体的巨变。在这个过程中，中国的文化领域也随之出现了巨大变化，社会主义意识的发展和创新，面对市场的大众文化和非中心的网络文化，这几种变化同时出现，相互影响，形成了共振。这给社会主义核心价值体系建设提出了挑战。

中国前三十年社会主义基本制度建设时期，中国的社会主义意识形态体系是一种高度统一的文化和文化体制。从文化内容来说，高度强调党性原则和政治原则，强调文化必须为无产阶级专政服务，必须为最高领导核心服务。最高领导核心也往往成为文化问题的裁决者。与此不同的任何思想或文化形式，都被看做是非无产阶级的，甚至是敌对的。从文化体制来说，意识形态领域由中宣部统一领导，对各个文化团体、文化领导机构，具有人事任命权，文化体制覆盖整个社会。这是一种完全为计划经济服务的文化体制和文化思想体系，它更多的担负着宣传与教育的功能，直接为政府的路线方针政策服务，具有强大的动员能力。同时，这一文化体制有国家雄厚的财力支持，在国家制定的和允许的目标之内，都能取得巨大的成就。传统文化体制是一种由绝对权威向外辐射式的文化模式。

这一文化体系也有他的弊端。文化有它内在的规律和逻辑，它要求相应的自由，需要不同学派、团体之间的交流、争鸣，都要通过质疑权威来进行创新。但是，在传统体制中，党性和政治性被作为最高标准，把学派之争直接与政治斗争画等号，这导致了文化领域，尤其是哲学、社会科学和文学艺术领域，学者们和艺术家们为了不敢越雷池一步，放弃争鸣，只对领导人和党的决定进行注经式、宣传式研究。这在一定程度上遏制了社会主义文化和意识形态领域的活力。

改革开放以来，社会结构发生了深刻变化，随着所有制结构的多元化，出现了新的阶层、利益集团和相应的生活方式与价值观，同时，西方各种思潮也进入中国。在社会发展中，不同的集团有不同的利益，对中国的发展道路都有各自的立场和评判，就此展开了激烈的争鸣，社会上也出现了一些产生广泛影响的社会思潮和各自的代表人物。中国社会主义市场经济的发展，为满足大众娱乐需求追求商业利益的大众文化发展提供了空间。在这个过程中，中国文化样式出现了多样化。

在现代社会中，文化形态一般有主导文化、精英文化、大众文化和民间通俗文化等主要形态。主导文化是反映统治阶级利益和意志的文化，旨在宣传、论证、传播和强化统治阶级的意识形态。精英文化是专业知识分子所创造和传播的学术作品和艺术作品。大众文化是在现代工业技术和市场经济条件下，反映百姓日常生活，追求娱乐性和商业性，并且以商业模式运营。民间通俗文化，主要是老百姓集体创作，口头传播，形式多样，传播范围不大的文化。① 在西方，通过各种软控制机制，主导文化能够渗透到其他文化形式中。西方统治精英有一种"旋转门"现象，政治、经济和文化精英往往互换身份，控制各个文化形态。比如，美国的基金会的领导人就是持主导文化价值观的精英，非主流或反主流选题，往往难以获得资助，主导文化通过这种方式控制了精英文化。

中国现阶段的文化分化也可以用这几种形式来概括，即社会主义意识形态、精英文化、大众文化和民间文化。但是，与西方社会通过软控制实现的表面多样，实质一元不同，中国的这些文化样式都是从传统制度时期铁板一块式文化中分化出来的，是一种去中心化的过程。在传统制度时期，文化体制对文化工作者个人自由有一定的压抑，尤其是"文革"时期走向极端，出现了过度政治化。而这必然出现反作用，产生去

---

① 金民卿：《文化全球化与中国大众文化》，人民出版社 2004 年版，第 169 ~ 173 页。

中心、消解中心的倾向。在市场经济条件下，知识分子获得了新的生活空间，生活不再依赖于国家，这种力量被释放了出来。另外，西方文化霸权不断渗透，影响精英文化和大众文化，也是去中心化的一个重要原因。在高校和教学研究中，西方哲学和社会科学的新概念、新理论往往受到热捧，而马克思主义出现了边缘化倾向。在大众文化中，中国的大众文化产品还在自觉不自觉地模仿西方大众文化，很多影视作品表面看是中国人的事，骨子里却是西方的价值观和情调。当然，在大众文化中，西方资本进入文化产品生产过程中，这也会影响文化产品中的价值观。总之，在多样性文化中，社会主义意识形态的地位和影响力被削弱了。

迅速发展的互联网又推波助澜加大了这种去中心化趋势。互联网开辟了一个虚拟空间，一些言论、思想和文化的传播摆脱了传统传媒权威机构的控制，传统文化"把关人"失去了作用，意识形态和文化的筛选机制失效了，这意味着国家对文化领域的控制能力被减弱了。同时，互联网的传播特点就是非中心化和传播极端自由。任何人都可以把任何形式的言论、照片和视频传播到网络上。一些国家可以通过互联网进行恶意的文化渗透，意图颠覆社会主义意识形态。而传统的大众文化与互联网相结合，出现了新生代的大众文化产品，但是，由于商业利益的影响，低俗文化产品甚至是垃圾文化大量涌现，如网络色情，把青年人的注意力引向低速趣味，这也变相地削弱了意识形态的影响力。

如何扭转这种去中心化趋势，形成合理的文化生态，是中国社会主义核心价值观建设的难题。

（二）自由与责任：网络文化守门人的困境

2005 年 3 月 22 日，南京大学小百合 BBS 关闭。在这之后，4 月 16 日，"小百合"原来的工作人员在海外开通南京大学野百合 BBS，这是中国校园第一个海外 BBS。4 月 26 日，取代小百合的南京大学 BBS 开通。这样小百合一分为二,一个是海外民间"野百合",另一个是南京大学校方主持的小百合。南京大学主持的小百合实行网络评论员制度,由校团委指导,主要由学生干部组成,通过论坛发布正面信息,营造健康的校园文化环境,根据发表文章数量给予一定奖励,① 此后,网络评论员开始进入人们的视野,引起了很多网友的反感,后来,凡是在网上赞成政府的观点,一些偏激的网友就称人家为"五毛党",意思是人家拿了政府的钱替政府说话。后来又出现了"五美分党"、"网特",指那些造谣生事、混淆是非,毫无事实根据,肆意攻击政府,赞美美国和西方的那些人。

南京大学小百合 BBS 的关闭、复站、分裂,以及广受争议的网络评论员,充分给人展示了网络文化管理的困境。

互联网刚一出现之时,网络民主被人们寄予了期望。德国哲学家哈贝马斯曾提出过公共领域这一概念,在中国产生了很大影响。公共领域是介于个人的私人领域和国家权力之间的一个领域,在这里,公民摆脱了金钱、权力和其他束缚,就公共事务自由地交流,达成共识。而这种共识将成为国家的公共目标。哈贝马斯所设想的是最理想化的民主。但是,在现实中,西方的民主的过程更多的是表面程序上,而公众舆论早已被资本通过大众传媒给操纵了。互联网出现时,哈贝马斯的乌托邦似乎又找到了新空间。在匿名状态下,网络让人们摆脱了一切束缚,可以自由交往,形成公共舆论。但是,资本的力量很快进入了互联网,操纵人们的意见。比如,在网络上讨论全球变暖时,有人支持有人反对,在匿名状态下,你不能知道这些发言者是不是在真诚地交流,可能否认全球变暖的人本身就是石油公司的宣传人员,而否定全球变暖趋势的人,也可能是西方势力的宣传人员,以此制造舆论,向发展中国家转嫁生态危机。没有真诚交流,哪会有真正的共识呢? 在现实中,网络被各种力

---

① "南京大学小百合 BBS",参见百度百科(http://baike.baidu.com/view/1238467.html)。

量渗透，网络公共领域不能说完全失败，至少也是处于很尴尬的境地。

在中国，网络舆论空间正在兴起，影响不断扩大，成为影响社会舆论和人们的思想意识的重要力量。但是，网络舆论也是一个矛盾体，积极和消极的两方面都很突出。这其中最重要的原因是网络传播的极端自由和非中心的特征。

在传统媒体上，都有编辑、记者这样的"守门人"，他要保证言论的客观性、准确性，作为文化作品，还要保证专业性和艺术性，他们要为这些作品负责。如果一个新闻记者随意编造假新闻造成恶劣的后果，他要为此承担责任；一位历史学家如果信口开河，他的学术声誉就会受到影响。但是，在网络上，没有传统传媒中的"守门人"，人们可以自由地发表言论、照片和视频，而手机移动上网、微博技术可以让人随时随地对各种新闻事件发表评论。各种言论铺天盖地，应不暇接。网络匿名使人们摆脱了各种社会束缚，人们得到充分的自由，你可以畅所欲言，无所顾忌。同时，与这种极端自由不对称的是，这些网络发言人不承担任何责任。

自由与责任之间极端不对称，给网络舆论带来极端复杂的状况，既能揭露社会阴暗面，反映民意的真实声音，起到人民与政府交流，推动政策制度不断完善。同时，也可以使意图分化遏制中国的势力趁机而入，兴风作浪，在政府和人民之间制造分裂和对立。这些势力在平时逐渐渗透，利用各种言论逐渐影响社会意识，然后利用突发事件，激化情绪，制造混乱，借以达到遏制中国发展的目的。可以说，渗透和反渗透的斗争已经出现在网上，网络文化战争已经打响了。

从"南大小百合BBS"这件事来看，网络中舆论和价值观的引导与建设困难重重。

首先，网络无国界，国家权力控制力大大减弱。南京大学校方关闭了网站，按照校方的意图重建网站。但是，"南大小百合"原网站人员不久就在美国注册域名，重新开放网站，仍然坚持原来的风格，被称为

"野百合"。人们现在还是可以随意登录这个网站。校方的治理没有起到任何作用，反而引起了网友的反感。还有一点非常重要，在这个过程，更容易给外部势力提供机会，把这样的网站吸纳到反华文化渗透网络中（这里说的只是假设，并不说"小百合"就是这样的网站）。

其次，网络实名制的问题。在"南京大学 BBS"重新开放后，要求登录的人实行实名制。实名制的初衷就是要平衡自由和责任之间的极端不对等，限制不负责的言论。但是，这里的矛盾就在于，网络舆论的魅力就在于匿名，这样才能无所顾忌，实话实说，也才能真正放映民意，给政府决策提供真实信息。在现实中，中国一些政府部门确实存在着乱用公权、打击报复的现象。网络实名制在一定意义上"封"口，虽然遏制了不负责任的言论，但是，也切断了政府和民众有效沟通的渠道。这确实是一个两难问题。

再次，网络评论员问题。网络实名制就是让说话者自己控制自己，而网络评论员的责任是要引导说话人。网络上对网络评论员有一些负面评论，但也有正面声音，有的学者就认为，把网络评论员蔑称为"五毛党"，只有攻击政府才是真话，一表达爱国情绪，反对西方就是"五毛党"，这实际上是西方的话语陷阱。① 这里关键是网络评论员的作用，如果仅仅是说好话，赞扬领导人，那么，这实际上起不到引领的作用，反而与网友形成情绪上的对立。网络评论员要有真正的引领能力，对混淆是非者能澄清，对偏激的言论能够以理服人。《新加坡联合早报网》就有一个"名家评论"专栏，作者汇集了阮次山、郑永年等专家学者，他们视野开阔，对问题有独到认识，能够真正评论、解惑和引导。② 但是，这样的网络评论员队伍建设，不是一朝一夕就能完成的。

最后，是网络守门人的问题。传统媒体通过守门人保证了舆论的健

① 张胜军："'五毛党'的帽子能吓住谁"，环球网，http：//opinion. huanqiu. com/roll/2010 - 01/694194. html。

② 韩晓玲："网络评论员对策研究"，载于《网络与信息》，2008 年第 1 期。

康发展。网络的发展也会自然从一个无序到有序的过程。而网络文化的守门人就是一个关键环节。网络守门人要完成"堵"与"疏"的任务。一方面，要维护网络传播自由，保护人们发言的权利，但对于别有居心的言论，守门人应当将它拒之门外。而对于大多数模糊认识，错误观点，有争议的问题，可以摆到台面上，让不同立场的人展开争论，让言论之间相互制约。也可以请高水平学者写评论性文章，提升讨论的水平，营造讨论的争鸣氛围，引导讨论的方向。而现在，我们网络上更多的是删除和屏蔽，还远不能起到引领的作用。

（三）建立网络思想阵地

2008年6月20日，胡锦涛同志来到《人民日报》考察工作，并在人民网强国论坛与网友在线亲切交流。胡锦涛在人民日报社指出，"特别值得注意的是，当前，世界范围内各种思想文化交流、交融、交锋更加频繁，'西强我弱'的国际舆论格局还没有根本改变，新闻舆论领域的斗争更趋激烈、更趋复杂。""要把提高舆论引导能力放在突出位置，进行深入研究，拿出切实措施，取得新的成效"。[1]

2009年2月28日，国家总理温家宝来到中国政府网，与广大网友进行交流，问计于民，问需于民，问政于民。[2]

随着互联网的出现，新闻传播的重心从传统媒体转移到网络上。网络在新闻传播，营造社会舆论，价值体系建设中的作用引起了党和国家领导人的高度重视。网络文化阵地建设已经成了构建社会主义核心价值体系这一战略举措的一个重要环节。

在网络文化阵地建设上，中国政府是非常重视和及时的。2000年，由中宣部和国务院新闻办公室制定了《国际互联网新闻宣传事业发展纲

---

[1] "胡锦涛同志在《人民日报》考察工作时的讲话"，http://politics.people.com.cn/GB/1024/7408514.html。

[2] "政府需要问政于民——温家宝与网友在线交流侧记"，2009年3月1日，中国政府门户网站（http://www.gov.cn/ldhd/2009-03/01/content_1246883.html）。

要》，确立了人民网、新华网、中国互联网新闻中心、中国国际广播电台网和中国日报网等重点新闻网站。人民网、新华网已经成了具有重大影响的网站。虽然，相对于过去的媒体，网络更重视互动和参与，但是，从最根本上说，网络必须提供精彩的内容，能够吸引读者，然后才有互动。打造品牌，加强评论员建设是人民网和新华网的成功经验。

人民网和新华网都有自己的著名品牌，如人民网的《强国论坛》、《人民时评》，新华网的《发展论坛》这些论坛的特色就是包容性和权威性。在论坛中并不是一味地称赞、叫好，也有批评，甚至尖锐的批评，不同立场、观点的人都可以发出声音，进行争鸣。这些论坛还经常请一些权威专家和学者进行访谈，就一些重大问题与网友交流。网友问得尖锐，专家回答得精辟，而且还有众多网友在其后的评论回应。成功的论坛和网站往往会成为一些网友的精神家园，每天都要不由自主地去登录。看看精彩的帖子和评论，随手写下自己的评论，是一件精神非常愉快的事情。而一旦有重大问题，也总是会第一时间打开自己的论坛和网站，浏览各种消息和评论，还会写下自己的评论和网友讨论。《强国论坛》和《发展论坛》对于很多网友来说，就是这样的精神家园。

人民网和新华网另一个成功之处是汇聚高水平的网络评论员。比如，新华网已组建了专职与兼职结合的网上评论员队伍，利用他们较高的理论水平和政策水平，对社会热点及时撰写评论文章，这些高质量评论形成网上主导舆论和声音。同时，新华网还有意识培育"舆论领袖"，以"舆论领袖"提升网络言论的中心地位，特别是在重大事件、突发事件上，灵活运用"舆论领袖"及时进行评论，在与网上各种观点的交锋辩论中，使正确思想和观点占据制高点，形成网上主流舆论。[1]

但是，总体来说，中国的网络文化阵地还需要进一步加强建设。虽然我们有了一些著名网站和品牌栏目，但是，这些网站和品牌还是少

---

[1] 郭初，谢良："网络新闻评论疏导探究——兼及新华网网络评论发展对策"，载于《新闻战线》，2005年第7期。

数，更多网站的水平还有待提高。

同时，中国网络建设还有很多急需改进之处，其中有两点非常明显。

第一个是宣传模式问题，如果要在世界范围内产生影响，中国网络阵地的宣传模式必须要改变。中国的宣传理念与西方传媒的理念完全不同。中国的传统的宣传理念与社会主义计划经济相联系，是为整体性的社会动员服务。国家制定统一目标，并通过文化部门，向人民群众讲清楚这个目标的意义，与人民群众切身利益的关系，激发群众的热情和干劲，努力完成这个计划目标。中国的宣传相当于思想动员；西方的所谓传播是与市场经济相联系的。在西方的文化氛围中，个人至高无上，推崇自由，强调自我选择，反对代替个人进行选择。因此，在西方人看来，文化传播就是展示事实而已。虽然中国网络文化阵地注重了互动性和多样性，但是，在内容安排上，还会打上传统宣传习惯的烙印，给人以一种万众一心，共同前进的感觉。这种思维和习惯与西方大众的接受心理和习惯有很大差距。为了能够更好地与西方传媒巨头争锋，中国网络传媒就要研究西方受众的文化特点和思维习惯，尤其是西方人的文化传播特征，改善宣传的理念。

第二个是网络宣传如何发挥民间个人的作用。网络给个人提供了充分自由发挥才能的空间，其作用不可小视。在 2008 年"拉萨 3·14 事件"中，一个网名为"情缘黄金少"海外华人青年用了 20 分钟的时间制作了一部名为"西藏的过去、现在和将来都属于中国的一部分"的视频上传到 Youtube 网站，这个视频仅有 7 分钟，视频点击量已经超过 200 万，留言达到数十万条。在西方人中产生了很大影响。而 23 岁的中国大陆青年饶谨注册了 anti-cnn. com 域名，建立网站，以此为平台，搜集整理材料，揭露西方媒体歪曲事实的真相。在饶谨的动员下，很多网站和网友积极响应，举报西方各媒体不实报道的邮件纷纷发来，网站的点击量迅速上升，影响越来越大。在这样一个民间个人网站面前，3 月

23 日，德国 RTL 电视台网站在其网站上发表声明，承认对中国西藏发生的暴力事件的报道存在失实问题；《华盛顿邮报》报道更正了华邮网站上一张照片的说明文字，纠正了事件发生的地点，并刊登编者道歉声明；3 月 25 日德国 N - TV 电视台在一份声明中承认该电视台使用的一些图片有误，并已进行了更正；3 月 25 日 BBC "悄然" 修改对救护车照片的文字说明。

更重要的是，在网络文化宣传中，他们的个人和民间身份具有更大优势。西方人习惯认为中国政府发言代表政府声音，是宣传，总是会隐瞒一些真相。在这种思维定势下，中国政府和相关机构的任何解释和声明的效果都会受到影响。而这种民间声音正好与西方大众的接受心理相契合，会发生意想不到的作用。如何把这些民间力量纳入网络文化阵地，同时又不失去民间身份和影响力，是中国网络文化建设要解决的重要问题。

第四章

网络文化的制度管理与规范发展

如果说，我们整个社会的文化系统好似立体多维、色彩纷呈的生态园地，那么可以将网络文化视为这片园地中的一个独特的次生文化群落，在这里集中地展现着社会文化的多样性和价值观的多元化。因其多样，许多地方芜杂丛生，因其多元，许多时候泥沙俱下。互联网作为各种信息和思想的集散地，存在着形形色色的信息内容和价值观念，一些虚假、有害的信息和错误的观点也充斥其中。若听任其无序发展，必将危及国家利益、民族利益和社会公共利益，而且也会对个体正当利益造成损害。

在互联网发展初期，广大的网络用户非常看重网络传播的自由性，反对任何形式的政府管制，认为互联网具有"三无"的基本特征，即无法律、无国界、无法管制。在互联网的诞生地美国，一些人士根据美国宪法第一修正案喊出了"网络空间零管理"的口号。然而，这类美好但并不现实的憧憬不久就受到各种网络社会问题的冲击，人们不得不承认，网络空间中的自由绝不是毫无禁忌、毫无底线的，国际社会的主流意见均认为，互联网世界需要在科学治理下规范发展。

一　规矩成方圆：年轻的互联网岂能"零管理"

中国自 1994 年开始接入国际互联网，在短短十几年的时间里，迅速崛起的网络以其集报纸、广播、电视、期刊、书籍、音像等功能于一身的超强优势，不仅成为具有广泛受众的新兴媒体，也在广大网民的活跃参与下形成了一个崭新的文化传播与实践领域。

根据2012年7月中国互联网络信息中心（CNNIC）所发布的《第30次中国互联网络发展状况统计报告》，截至2012年6月，中国网民规模已达到5.38亿人，互联网普及率攀升至39.9%，超过世界平均水平。当前网民增长进入了一个相对平稳的阶段，互联网在易转化人群和发达地区居民中的普及率已经达到较高水平，下一阶段中国互联网的普及将转向受教育程度较低的人群以及发展相对落后地区的居民。目前，随着移动互联网的繁荣发展，智能手机等移动终端价格更低廉，接入互联网更方便等特性，为部分落后地区的互联网推广工作提供契机。

仅就网络互动空间来看，中国现在有论坛上百万个、博客2亿多个，网民每天新发布的博文超过400万篇，各类论坛每天新增的帖文更是难以计数，互联网上的信息互动与文化交流充分而开放。仅2011年上半年，我国微博用户数量就从6311万爆炸性地增长到1.95亿，半年增幅达208.9%，在网民中的使用率从13.8%提升到40.2%。[①] 在人民网的"地方领导留言板"上，已有近千位省级、副省级、地市级干部有了专属留言板。各级政府部门在制定公共政策的过程中，注重通过互联网征求民众意见；而每年"两会"期间，网友通过网络积极参政议政，还为网络带来了一个新词语——"网上两会"。

中国的网络空间获得如此迅猛蓬勃的发展，仅仅用了不到二十年的光阴，展望未来的空间更是无限广阔。然而与此同时，正值"青春期"的网络文化在肆意成长中也滋生出了一些不良倾向，呼唤着互联网管理在发展中不断探索。事实上，对整个世界来说，互联网都是一项年轻的事业，面对横空出世而又无孔不入的网络文化，各国都将对它的管理视

---

① "第28次中国互联网络发展状况统计报告"，中国互联网络信息中心（http://www.cnnic.net.cn/research/bgxz/tjbg/201107/t20110719_22120.html）。

为一个面向未来的重大新挑战。

（一）信息时代的人类"新文化"

网络文化是基于网络技术的发展和广泛应用而逐渐形成的一种现代人类文化，它属于传媒文化；传媒文化属于信息文化，而信息文化又是现代人类文化的一种新形态。从这个角度来看，所谓网络文化是人类社会发展到信息时代而出现的新文化，是人类文化在网络技术条件下的衍生。①

从世界范围来看，网络文化的发展至今为止主要经历了四个阶段。

第一阶段：网络文化沙漠时期（20世纪60年代末到1985年）。1969年，为了保障核战争时通信正常，美国国防部高级研究计划署ARPA资助建立了世界上第一个分组交换试验网"阿帕网"，连接美国四个大学。只有少数参与此项研究的学者凭借简单的联络规则进行简单的交流，主要功能是国防和科研。

第二阶段：网络文化局部发展时期（1986年到1994年）。1986年美国国家科学基金会NSF取代国防部资助建成了基于TCP/IP技术的主干网NSFNET，连接美国的若干超级计算中心、主要大学和研究机构，建成世界上第一个互联网，利用互联网进行科研和教育的交流成为时尚，更多的科学家和教育界人士进入网络。因为需要编程，要懂DOS命令，所有进入网络的还只是专业人员，对于广大普通学生和社会人群来说，1与0还不是生存方式。

第三阶段：网络文化浮躁和虚假繁荣时期（1995年至20世纪末）。1995年，NSFNET不再提供资助，互联网开始商业化运作。1998年，出现了网上零售和电子商务，大量投资涌入新网站。网络一方面在开拓新领域，另一方面却不断生产泡沫和垃圾，网络文化创新如过眼烟云，瞬

---

① 周鸿铎："发展中国特色网络文化"，载于《山东社会科学》，2009年第1期。

息万变，但缺少耐人咀嚼的深度和精致。人们开始对网络生存方式及网络文化进行反思。

第四阶段：网络行为深入人类社会各领域和网络体现多元文化价值时期（进入 21 世纪以来）。互联网跨国界、跨地域、跨语言、跨民族的文化交流已经成为一股不可忽视的潮流，林林总总的文化形态彼此共生共存，竞争激烈，由此形成的网络文化是多元而非单一的。上网族由 20 世纪的"群集"状态逐渐转为"群体"状态，他们上网时不再是漫无目的地四处点击、游荡，而是逐步明确了上网目的、固定了浏览网站，他们也不再是单向地搜寻和接受信息，而是逐渐变为表达主体。[①]

中共中央外宣办负责人在 2008 年 2 月举办的全国加强网络文化建设和管理研讨班的讲话中，给网络文化和中国特色网络文化下了定义：网络文化是伴随互联网络的产生和普及而兴起的新兴事物，主要是指网络中以文字、声音、图像、视频等形态表现出来的精神文化成果；中国特色网络文化是中国特色社会主义文化的重要组成部分，是基于中国网络空间，源于中国网络实践，传承中华民族传统文化、吸收世界网络文化优秀成果，面向大众、服务人民，具有中国气派、体现时代精神的网络文化。[②] 2008 年 6 月，胡锦涛在视察人民网时指出，互联网已成为思想文化信息的集散地和社会舆论的放大器，我们要充分认识以互联网为代表的新兴媒介的社会影响力。

目前中国的网络文化体系主要是由网络新闻、网络论坛、网络娱乐、即时通讯、博客和网络社区等网络文化元素构成。

互联网的快速普及和渗透，使网络媒体覆盖的人群范围更加广泛；伴随着网民上网时间的不断增长，互联网的黏性不断增强，网络成为人们获取新闻资讯的主要媒介之一，网络媒体的影响力快速提升。截至

---

① 杨雄，毛翔宇：《网络时代行为与社会管理》，上海社会科学院出版社 2007 年版，第 95 ~ 105 页。

② 转引自曲青山："论网络文化及其表现特征"，载于《青海社会科学》，2008 年第 4 期。

2010 年 6 月，网络新闻使用率为 78.5%，用户规模达 3.3 亿人，半年内增长 2201 万人，增幅 7.2%。① 同时，随着中国网民年龄结构的逐渐成熟和优化，网民中的主体人群已经成为社会政治、经济、文化的生产和消费主体，互联网在社会舆论、经济发展、文化创作中的作用逐渐凸显，网络媒体的价值也正在经历由量的增长到质的提升的过程。

网络论坛文化现已成为网络文化体系中最活跃的文化元素之一。由于网络论坛有很多人参与，即时互动、讨论交流、去中心化等特征，它已经成为群众表达民意的平台，并构建了一种新的社区文化。可以说，网络论坛文化是当前网络文化体系中一种比较成熟的网络文化，它对于网民的思想观念、价值取向、思维方式、行为模式、个性心理等都产生着重要影响。在网络论坛中，人们已经不再单一地受某种意识形态、文化价值的影响，呈现了前所未有的多元化和流动性。同时，每一个论坛及其主题版面都有自己相对稳定的参与群体，而在这些参与群体中，一些善于获取有价值信息，文字表达能力强，分析问题有深刻或者有独特见解的公民的言语往往影响甚至左右其他网民的看法，并由此引导并控制着其所在版面或者论坛的舆论方向，这一群人则成为论坛的"舆论领袖"，而由"舆论领袖"来引导论坛舆论，确已成为网络论坛中的普遍现象。

网络娱乐包括网络游戏、网络文学、网络视频、网络音乐等文化娱乐形式。以网络文学为例，截至 2010 年 6 月，使用率为 44.8%，用户规模达 1.88 亿。网络文学的商业化推进是促使网络文学用户快速增长的主动力，文学网站通过增加投资金额、加大宣传力度、打击侵权盗版等措施，调动作者创作热情，丰富文学作品内容，从而吸引用户的广泛参与；同时，电信运营商、终端设备商开始介入网络文学市场，为网络文学开拓新的传播渠道，使网络文学覆盖到更多用户。3G 时代手机网

---

① 中国互联网络信息中心：第 26 次《中国互联网络发展状况统计报告》，2010 年 7 月，http://research. cnnic. cn/html/index_ 81. html。

民的增长，以及用户对无线内容的庞大需求，拉动了手机网络文学的使用率，对网络文学用户规模增长起到推动作用。另外，电子阅读器、PSP 等阅读终端的技术升级和不断普及，也丰富了网络文学的传播载体，将网络文学应用推送到更大范围的用户群。

即时通信文化是利用网络技术为网民搭建的一种互动平台。网络的出现意味着通信工具的改变，意味着人们交往方式的改变，于是在虚拟环境下的虚拟交往方式也就应运而生。截至 2010 年 6 月，中国即时通信用户规模达到 3.04 亿人，使用率达 72.4%。特别是近两年来，随着移动互联网的普及，移动即时通信还将保持增长。

博客文化相对于电子邮件、网络论坛、即时通信等网络文化现象来说，算是一种新兴的网络交互文化。博客文化的出现标志着一种新的传播方式的出现，即由传统的"广播"过程转变为受众之间互动的"网播"过程。"网播"的出现意味着网络时代虚拟世界的民主化程度的提高，意味着民众化的语言平台已经形成，意味着民众对信息或知识的共享、协作程度的增强。国内博客发展初期主要以个人展示为主，而随着机构、名人的博客影响力越来越大，博客的信息传播也将从以往主要以个人信息对少数人共享，转换到个人信息对多数人共享的状态，使其具有了规模性。截至 2010 年 6 月，中国使用博客的用户规模扩大到 2.31 亿。可以预见，未来互联网自媒体（We Media）趋势将愈加明显，而博客以及微博客也将成为自媒体发展的主要推动力量。（自媒体是指私人化、平民化、普泛化、自主化的传播者，以现代化、电子化的手段，向不特定的大多数或者特定的单个人传递规范性及非规范性信息的新媒体的总称，博客只是其中一种方式。美国新闻学会的媒体中心于 2003 年 7 月出版了由谢因波曼与克里斯威理斯两位联合提出的"We Media"研究报告，里面对"We Media"下了一个定义："We Media 是普通大众经由数字科技强化、与全球知识体系相连之后，一种开始理解普通大众如何提供与分享他们本身的事实、他们本身的新闻的途径。"包括 Email、BBS、Blog、SNS（社交网站），甚至手机（群发短消息）也算自媒体，或者叫"自主媒体"。）

近两年来，微博作为新兴的自煤体平台，受到网民的强烈推崇，用户数大幅增长，一度"领跑"网络应用领域。至 2012 年 6 月底，中国 5.38 亿网民中使用微博的用户比例已经过半。尽管微博迅速地走过了如 2011 年那样，数量猛烈扩张的阶段，用户数增速出现回落，然而微博在手机端的增幅度仍然明显，手机微博用户量由 2011 年年底的 1.37 亿增至 1.70 亿，增速达到 24.2%①。

社交网站一方面可以认为是互联网服务的综合体，可以提供博客、论坛、视频、游戏等多种互联网服务，加之多数信息都是经过"二次过滤"，即已经经过了好友的信息筛选，因此信息质量较高，提升了用户使用体验。另一方面，社交网站的信息多为朋友间提供，对于朋友的关注加大了用户对于社交网站的使用黏合度。目前，国内比较知名的社交网站有开心网、人人网、QQ 校友和 51 网等。开心网定位在白领阶层；QQ 校友和人人网的主要用户群是在校大学生；51 网则为同城的网友提供交友平台。截至 2010 年 6 月，中国使用社交网站的网民规模达到 2.1 亿，使用率为 50.1%。半年间新增用户 3455 万，增幅达 19.6%。可以预计，随着移动互联网的发展，社交网站的应用深度和广度将进一步提升。但另一方面，社交网站产品的严重同质化使得网民在选择的时候无所适从，也让大部分网站很难在众多的同类竞争者中脱颖而出，诸多中小网站都处于濒临关闭的边缘。

（二）鱼龙混杂的网络"新声代"

互联网自产生之初，其本意就是自由、开放、透明、互动的平台。它作为 20 世纪人类最伟大的发明之一，可以说是把"双刃剑"，既可以

---

① "第 30 次中国互联网络发展状况统计报告"，中国互联网络信息中心（http://www.isc.org.cn/zxzx/gwsd/listinfo-21627.html）。

承载和传播健康、文明和有价值的信息，也可以承载和传播不健康、不文明和有害的信息。网络的虚拟性特征既给人以创造性，又产生虚假性；其交互性特征既传播信息文明，又产生信息垃圾；其开放性特征既给人带来广阔自由，又带来自律失范。当今世界范围内各种文化和价值观相互激荡，相互交锋、交流、交融，人们思想活动的独立性、选择性、多变性、差异性显著增强。网络文化的迅速兴起，既大大推进了人类的文明进步，也对现有的法律制度、管理模式、社会规范等提出了一系列严峻的挑战，为中国的文化价值观建设和意识形态安全带来了一系列新问题。

网络信息的泛滥与污染压缩了文化正常传承的成长空间。

网络虚拟性和匿名性的特点，使大量有害的黄色流毒、黑色信息、灰色文化的信息垃圾在网上泛滥成灾，给人们的思想和心理健康带来不利影响。由于网上信息的复制传播相对容易，导致信息异常庞杂，良莠不齐的资讯让人几乎无从选择。表面上，自主选择信息的主动权扩大了，但"超载"的信息特别是信息垃圾极易分散人们的注意力，网络时代网民的心理特征表现为既容易兴奋又容易困倦，人的情绪意志随着信息的漂浮起伏不定，相应地，思想意识、道德心理和行为方式的不确定性大增，容易导致价值取向的紊乱和社会行为的失范。[①] 速度、时效、标新立异，是网络传媒成功的关键，但对于要求"准确、公正、完整"的媒体传播来讲，对于需要一定时间来酝酿发酵的既有文化传承来说，却有可能成为"敌人"。作为专业的网络媒体，由于价值取向、竞争压力、编辑素质等因素，尚不可避免地在网络信息的海量化和匿名性状态中埋下了信息泛滥与污染的隐患，更不消说进入 Web2.0 时代那数以亿计、面目各异的信息生产者和传播者。另外，在新传媒的竞争压力下，传统媒体也尽量压缩新闻的调查和思考的时间空间，读者更是养成了获

---

① 林壹："网络文化建设与社会主义核心价值体系"，载于《苏州大学学报（哲学社会科学版）》，2008 年第 6 期。

取"新闻快餐"的阅读习惯，长期浸染于网络上匆忙制作和大量传播的信息，逐渐弱化了思考、辨别和欣赏能力。

去中心化的无政府主义倾向对主流文化和社会意识形成的冲击。

在传统社会发展过程中，一直有一条以主流文化作为社会精神、时代精神的主线贯穿其中，它是社会发展的动力之一。网络时代由于过度地强调自由与个性，甚至把主流文化看作是对人性的压抑，因此，网络时代的文化表达容易形成没有重心、没有主流的格局，其结果反而是阻碍了文化的发展。特别是，随着"民族文化的边界日益模糊并不断被改写"，网络文化以空前的渗透力消解着当代中国人的道德价值观念，轻则造成传统文化的失落、人文精神的困惑与迷茫，重则导致个人主义、物欲主义泛滥成灾甚至网络犯罪的日益猖獗，网络文化成为对传统文化价值的涣散力量，其结果必将导致中华民族的优秀文化、道德准则和价值观念丧失其应有的地位，使中国传统的思想观念与民族精神弱化和边缘化。

网络传播的开放性和无序化导致舆论导向控制乏力。

国家往往通过牢牢控制报刊、广播、电视等传统媒体，将舆论导向权始终掌握在自己手中。而网络文化的"无序化"、"弱可控"、"自由化"的倾向，使我们运用传统手段对负面信息进行屏蔽的功能受到削弱。网络的全球性和开放性，大大增强了个人和组织发布、交流和接受信息的能力，网上的不良信息所形成的全方位的时空跨越，尤其是敌对势力的反动宣传会对党和国家实施正确的舆论导向构成挑战。与传统媒体传播渠道相比，对网上不良信息的管理和控制难度空前增大，舆论宣传控制在目前似乎还很难在虚无的网络空间找到合适的着力点。现代化的网络为"民意"的表达与公众的参与提供了非常有效的技术手段，来自民间的不同声音越来越多，政府在了解民情民意的同时，也面临着越来越难以统一声音的尴尬。这就要求政府在引导舆论上要采取更科学的方式，否则很难让公众在社会意识和舆论传播方面对政府形成认同，也很难提高政府的威信。

网络角色的虚拟和隐蔽特性诱使道德相对主义盛行。

由于网络具有虚拟和隐蔽的特性，在网上人们摆脱了传统社会的管理和控制，没有他人"在场"监督，在虚拟符号的保护下，往往有一种"特别自由""解放自己"的错觉。因为似乎可以逃避舆论和利益机制的制裁，导致人们思想上、行为上的独立性、选择性、多变性、差异性明显增多，由此引发的自由主义、分散主义、享乐主义、利己主义等现象令人应接不暇。"自律道德"不断弱化，"他律道德"难以形成，致使网络中存在着大量不道德的行为。所有这些，都为道德虚无主义和道德相对主义的滋生和蔓延提供了条件。①

网络文化的商业驱动和物欲刺激助长了消费至上、娱乐至死倾向。

网络文化通过各种缤纷的形象和华丽的包装，竭力刺激人们的欲望需要，不断向人们推销消费至上的理念和享乐主义的价值观，"败家"、"血拼"、"奢侈消费"也成为网民之间争相炫耀的话题。同时，网络发展到今天，随着新闻、言论、广告、娱乐混为一体，新闻与广告之间的界限、新闻与娱乐之间的界限、新闻与言论之间的界限逐渐淡化，网络上各种信息的内容及形式的无边界和娱乐化，也使公众最终失去了对网络新闻和言论的诚实性、准确性、平衡性等基本素质的信任。

网络群体的各自聚集加剧了社会断裂或分层倾向。

"网络群体"的产生是人们为了全面获取、交流、证实信息的需要，也是人们为了有效表达以及信息认同的需要，共同的兴趣爱好以及信息需求的相互印证，培育了这一群体的生存土壤。"网络群体"希望通过话语的相对集中，或者聚集在有公信力的话语权威下，表达某些特定的要求和愿望，借此对社会产生更大的影响和作用，这是多样化社会中利益多元和分众表达的一种新样式。网络本来是容纳各种思想的自由交流

---

① 林壹："网络文化建设与社会主义核心价值体系"，载于《苏州大学学报（哲学社会科学版）》，2008 年第 6 期。

的社区，但如今正演变成分属各利益集团的思想领地。网上聊天室和论坛不是把持不同政见的各类公民吸引过来，就共同关心的问题进行政治协商，而是把思想、政见、价值观和爱好基本相同的个人吸引到一起加深原有的价值观和偏见，而不是予以挑战、融合和改造。一些媒体根据自己的政治和经济利益，通过组织研讨会、策划专家论坛，来制造新闻热点，操纵公众的眼球。①

网络宣传主客体的分散性有利于西方意识形态渗透乘虚而入。

在网络环境下，宣传主体、客体的分散性、随意性、开放性大大弱化了思想政治教育工作的覆盖面和影响力。网络文化发源于西方，英语是网络世界通行的最主要语言，网络上约有80%的信息出自西方国家。一些发达国家正利用其语言和技术上的优势，在大众文化层次上传播西方价值观，从而达到对其他国家特别是发展中国家进行意识形态渗透和文化侵略的目的。当前国外一些敌对势力或出资创办网站，或幕后策划操纵，或专门雇用国内的网络"写手"（俗称"网特"），借"民主问题"、"人权问题"等攻击中国的政治体制，在社区论坛上张贴攻击中国的文章和假消息，打击中国人的爱国热情、诋毁中国取得的任何成绩、散布谣言和宣扬坏消息、玷污中国的英雄人物和领导人。面对西方敌对势力通过网络进行意识形态渗透，一味地回避只会把我们的年轻人置于西方传媒的强大攻势之下，单纯堵截也会将我们的下一代推向对方。要与西方敌对势力争夺年轻一代，没有别的选择，必须占领网络阵地。

在经过几十年的发展之后，2005年，以博客为代表的Web2.0的出现标志互联网新媒体发展进入新阶段，其广泛使用催生出了一系列社会化的新事物，比如Blog（网络日志）、WIKI（维基）、SNS（社交网站）等。这些新应用正符合了互联网互动的特点，网民不再是单纯地从网上

---

① 杨雄，毛翔宇：《网络时代行为与社会管理》，上海社会科学院出版社2007年版，第201～202页。

搜寻、下载信息，而是可以较自由地上传自己的原创内容，即 UCC（user created contents），而且这些内容的上传不需要事先经过服务提供商的审核。这使得网民个体在作为互联网的使用者之外，还同时成为了互联网主动的传播者、作者和生产者。于是，网民的上网热情被调动起来，一时间中国网民数量、博客数量急剧增长，网上信息量猛增，特别是代表网民"草根"声音的原创内容如雨后春笋般地涌现。可以想象，随着网民的进一步增多、网络应用的进一步丰富，中国的网络文化治理将面临更大的挑战。

（三）网络表达的特殊规制模式

既然网络空间的文化是否需要治理已经不言自明，那么在这个虚拟世界中应当采用怎样的规制模式呢？与传统的表达自由权利相比，今天互联网上的公民表达权具有值得探究的特殊性质。网络上的表达活动除了表达内容更加丰富、表达方式更加多样外，还有一个重要特征——具有公开性的通信。

从严格意义上讲，互联网属于计算机通信范畴，即通过计算机通信网络，互联网实现个人与个人之间的信息发送与接收。这种信息传播方式就其基本性质而言属于"通信"范畴，而公民的"通信自由"在各国宪法中都有专门的保护性条款。不过，随着互联网的迅速普及，今天的互联网表达越来越具有"公开性"，即由过去"一对一"的个人之间的私密通信变为"一对不特定多数"的信息发布。这种公开性与通信原本具有的"秘密性"形成鲜明的对照，互联网通信的内容事实上经常处于被公开、被传播的状态。由于互联网表达的这种新特点，使得原本受宪法保护的通信自由在互联网上不再适用，各国政府不得不对这种"具有公开性的通信"进行重新定义，探讨对它的法律适用问题。

互联网作为一种后起的信息传播媒介，其法规制模式的选择可以从以下几种传统规制模式中获得启发。

一是"广播电视模式"（B 型媒介模式）。在此模式下，公民在互联网上只能享有与广播电视同等程度的表达自由权利，即由国家或政府依法授予的、在国家或政府监视下的自由。提出广播电视规制假设的法理依据至少有两点：（1）互联网的主页是可以实现世界规模信息发送的影像媒介，这与广播电视媒介的传播性质很相似，即"1 对不特定多数"的信息传播；（2）互联网是包括青少年在内的多数人在个人居室内可以方便接入的媒介，具有广泛传播性和巨大的社会影响力。不过，目前在社会期望、产品性质、生产和流通、供给的持续性、稳定性等方面，互联网均不同于广播电视，并不适宜完全采用这一管理模式。今后随着包括广播电视在内的各类媒介逐渐融入互联网，在上述几个方面很有可能出现类似的性质，从而具有了部分适用广播电视规制的可能。

二是"报纸模式"（P 型媒介模式）。适用"报纸模式"的依据是，互联网不存在"电波资源稀缺性"，同时它又是普通人轻易可以成为"发送信息者"的媒介，这将导致它扮演民主社会的核心媒介的角色，因此公民的互联网表达活动应该适用报纸媒介的规制模式，即在宪法和普通法框架内，通过司法程序对侵犯私权和损害公权的表达行为予以事后的追诉及制裁。但是，即使在今天的美国，对互联网表达完全适用"报纸模式"也会面临人格权保护、青少年保护、著作权保护等棘手问题。因此，在这些权利没有找到有效的保护机制之前，适用"报纸模式"会面临较大的社会风险。

三是"自主规制模式"。提出这一假设的依据是：（1）在信息跨国传播非常容易的环境下，对互联网进行有效的法规制几乎是不可能的，或者会产生相当高的规制成本；（2）在普通人非常容易成为"信息发送者"的互联网空间里，应对他人的信息发送行为采取宽容的态度，即使出现侵权或受到伤害，也应该通过言论的交锋与互动来解决；（3）用公权力或法律的手段来解决互联网表达中出现的各种问题将会面临诸如国家干预公民的表达权等违宪风险。目前，对于互联网上的表达，各国倾向于在政府的指导和注视下，通过"自主规制"来实现网络伦理的要求。

德国在 1997 年制定了被称为"多媒体法"的法律，该法明确规定，将原来适用于文字媒介表达的法律直接扩展到互联网的表达。在德国，对"广播电视"这一概念进行了功能性的定义，并且认为互联网上的表达有时也可以适用"广播电视"的法规制。日本现行法律并未将利用电话网接入的互联网服务划入《电波法》所确定的"广播电视"范畴，也不适用广播电视法，除个别的法律外，一般适用民法、刑法的有关规定。在日本，互联网上的信息传送属于"电信"形态，在使用形式上，电子信箱的信息发送更接近于以往的电"通信"。不仅如此，对电子公告板的信息输入、网页的使用等面向不特定多数人的信息发送，认定其具有"表达"部分性质。①

如上所述，网络文化交流的途径不同，其信息传递的模式也存在差异。网页新闻与传统的大众传播媒介近似，基本上属于单向的信息传递；电子邮件主要是点对点或一点对多点之间的信息传递，相对来说传播范围狭小；BBS 即电子留言板，类似于公共舆论场合，网民可以在其中就共同关心的话题进行讨论；博客是一种个性化的信息传递、交流平台，其运行主要由个人负责，但同时又实现了个人信息对多数人共享。正因网络文化的制作传播方式如此复杂多样、日新月异，对其合理规制模式的确定也很难简单地一概而论或一劳永逸，目前仍处在不断探索和完善之中。

（四）网络实名让网络言论更加负责

在网络这个虚拟空间之中，网络匿名给予人们的自由度是现实生活

---

① 张志，刘文婷："论公民的互联网表达及其法规制问题"，载于《现代传播》，2009 年第 1 期。

空间难以企及的，它允许个人自由地选择他们想要看到的信息，也为个人提供了发布信息的自由。从社交的角度观察，匿名是一种非常有用的机制：人们可以肆无忌惮地发表自己的看法，对各种主张或幻想加以摸索和尝试，同时避开他人的非议，把后果降至最轻微的程度。因此，网民获得了前所未有的选择空间，但这是以丧失了信息来源的确定性为代价的。匿名制保护了思想和言论自由，满足了人们以某种安全的方式显示自己的真实面目而不是隐蔽自己的本性的愿望，但同时，也会引发诸多不良和不法的行为，造成了无聊主义和庸俗主义的泛滥，为网络道德失范行为的发育提供了"温床"，助长他们用不可靠的或带有报复性的信息伤害他人。互联网的开放性和匿名性为一些造谣惑众和别有用心的人创造了条件，一些网民为了自己的私利在互联网上公开他人的隐私、谩骂侮辱甚至造谣中伤他人，从而损害了他人利益，必然带来人与人之间的不和谐。

首先，匿名行为可能变得毫无节制。匿名与假名不同，因为即使一位上网者使用了假名，仍然可以具备一个持续不变的身份，而匿名的个人却不具备任何身份。在匿名的掩护下，不少人习惯于不停地改换各种身份，逃避日常生活中的责任和挑战。其次，匿名问题与信任息息相关。匿名使人们不敢互相信任，在不被注意和不计名声的情况下，甚至好人也常常表现得"不那么好"。如果某个人选择匿名，不论出于何种理由，都意味着其言行将对接受者的识别能力提出挑战。最后，坏人可以用匿名做保护伞，即使做了坏事仍能够逍遥法外。病毒的作者总是匿名的；垃圾邮件的发送者也会精心掩盖自己的身份；网络诈骗犯选择偷偷行动；而恶意的政治谣言无一不是"风起于青萍之末"。①

比如说，2009 年河北"艾滋女"网帖无疑是在这个虚拟社会点燃

---

① 胡泳："在互联网上营造公共领域"，载于《现代传播》，2010 年第 1 期。

的"重磅炸弹"，给当事人闫德利及网帖中涉及的三百余人的精神造成巨大损害。网络诽谤、"人肉搜索"等网络侵权行为在所谓网络自由的名义下有恃无恐，严重损害公民的名誉权、隐私权等合法权益。

自由应当是有秩序的自由，民主应当是负责任的民主。这个道理在网络中也是一样的，网络虚拟世界并不是孤立的，而是现实世界的缩影和延伸，同样需要规制和约束。只有加强对互联网的管理，在互联网上加强法律的宣传和道德风尚的培育，才能基本保证互联网上理性声音与和谐的场面胜过非理性声音与不和谐的场面，才能降低或消除一部分人损害另一部分人的合法权益的现象，从而促进人与人之间的更加和谐。加强网络的管理，妥善处理网络管理与言论自由、网络安全与个人隐私的关系，已成为中国社会面临的亟待解决的重要课题。

实行网络实名制，可以让网络言论更加负责，让网络行为更加理智，有利于明确网络责任，规范网络秩序，是解决上述问题的必由之路。网络实名制，即以居民身份证号码为基础，要求网络用户在开立博客、论坛发帖、网络游戏时，将身份信息提供给网络管理者，网络管理者对网络用户的身份及 IP 地址进行后台验证、管理的制度。

目前，世界上一些国家已实行了网络实名制，如韩国通过立法、监督、管理和教育等措施，于 2008 年对网络邮箱、网络论坛、博客乃至网络视频全面实行了实名制；德国、新加坡等国家为了加强手机上网管理，有效地打击网络色情犯罪，实行了手机入网实名登记。[①]

当然，实行网络实名并不意味着不注意保护个人隐私。网络实名制，并非每个人在上网时都可以看到他人的真实姓名。采用"后台实名制"，只是对使用者的身份及 IP 地址进行验证、管理，对网络犯罪行为予以追惩，并不需要在网络活动中暴露身份与信息，网络使用者仍可进

---

① 徐伟："网络实名制：虚拟社会的安全阀"，发表于《法制日报》，2010 年 3 月 9 日。

行匿名交流，并未对网络使用者的正常活动予以限制。

有趣的是，网络一度似乎为人们提供了隐姓埋名的机会，但现在，人们在网上的行动很容易被追踪，网络也因此成为反对匿名的强大工具。最终，大家会认识到，每个人都有权在网上保持匿名，而匿名却并不一定是网络交流的最好办法。

 制度要说话：树立互联网世界的制度权威

在互联网历史上，曾经出现过所谓的"虚拟空间独立宣言"，声称网络新世界是创新、平等、公益的，永远不受政府管辖，其主张在当时得到了不少响应。[①] 在网络普遍应用的现阶段，即便网络色情、网络侵权、网络恶搞等不法行为肆意猖獗，但广大网民对这种现象却给予了足够的"宽容度"，有的担心会损害网络言论自由和其他的网络使用权限，甚至反对网络立法对此予以限制。其实这种认识是错误的，任何权力没有制度的约束与保障，最后必定沦为无序与空泛。管理制度不是限制网民权利的屏障，而是网民权利的保障，关键在于制度的制定是否合时与恰当。

时至今日，互联网已经成长为全球共建共享的基础设施，对每个国家的社会生活和国家安全具有举足轻重的影响和战略意义，国际社会对互联网治理问题表现出前所未有的高度关注。联合国信息社会世界高峰会议突尼斯会议就曾明确指出，"政府必须在互联网治理中发挥作用"。包括发达国家在内的世界各国，都无一例外地对互联网内容设定法定"禁区"，违法内容禁止在互联网上传播。进行网络审查，采取技术手段过滤违法信息，限制其传播，也是国际通行的做法。

---

① 1996年2月，网络自由主义的布道者——著名的科技评论者约翰·派瑞·巴尔特，在线上讨论区发表了一个800字的帖子，表示人们希望新的信息技术将形成一种力量，冲破一切政府的控制和法律的制约。转引自：杨雄主编，毛翔宇副主编：《网络时代行为与社会管理》，上海社会科学院出版社2007年版，第145页。

从国外对网络文化的管理实践来看，主要是通过法律规范、行政监管、行业自律、技术保障、公众监督等多个方面，构筑一个立体化的互联网管理制度体系。各国的模式不同，做法各异，但有一点则是相同的，即各国都十分注重从本国的实际出发，重视和加强网络的管理，其出发点和目的都是预防、遏制和消除网络对国内社会的危害和负面作用，将其纳入社会管理的可控范围，促使其积极健康地向前发展。

（一）法规先行，政府依法主导互联网管理

作为互联网发源地和现今互联网最发达的国家，美国对互联网的管理主要是通过执行各种法律来实现。美国宪法第一修正案中就明确列出五类信息不受言论自由的权利保护。早在 1978 年，佛罗里达州就率先通过《电脑犯罪法》。随后，美国共有 47 个州相继颁布《电脑犯罪法》。20 世纪 70 年代以来，美国政府各部门先后提出 130 项法案，1984 年美国国会通过《联邦禁止利用电脑犯罪法》，1987 年国会批准成立国家电脑安全技术局，并制定了《电脑犯罪法》。此外，美国还先后制定了《1998 年儿童在线隐私保护法》、《1998 年数字千年版权法》、《未成年人互联网保护法》、《反垃圾邮件法》等。这些法律不仅涉及范围相当广且法律条款非常具体，一旦触犯，惩罚也很严厉。

2001 年"9·11"事件之后，为严防有关恐怖袭击的信息通过网络传播并针对计算机欺诈和黑客行为，美国迅速通过《爱国者法》和《国土安全法》。《爱国者法》授权国家安全和司法部门对涉及恐怖、计算机欺诈及滥用等行为进行电话、谈话和电子通信监听，并允许电子通信和远程计算机服务商在特殊情况下向政府部门提供用户电子通信记录，以便政府掌控涉及国家安全的第一手信息。《国土安全法》对互联网的监控更为严密，法案中增加了有关监控互联网和惩治黑客的条款。

2008 年 2 月，参议院通过了授权安全机关在反恐战争中窃听外国电话与监控电子邮件的争议性法案，表明美国政府处理电子通讯与国家安全关系中的强硬立场。在美国很多地区，经常播放拉登讲话的"半岛"电视台及其网站是被过滤的。

韩国是第一个专门设立网络审查法规的国家，早在 1995 年就出台了《电子传播商务法》，对"引起国家主权丧失"或"有害信息"等网络舆论内容进行审查。德国《信息与通讯服务法》规定，在网上传播恶意言论、谣言，宣扬种族主义均为非法行为，禁止利用互联网传播纳粹言论、思想和图片；德国还通过《刑法》、《商业法》、《青少年保护法》等法律，禁止通过电子媒介出版、发行和订阅含有鼓吹纳粹国家民主主义和种族仇恨的言论，向 18 岁以下的青少年提供某些色情、暴力和种族歧视内容的材料也被视为刑事犯罪。瑞典《电子通告板责任法》规定，网络接入服务商和论坛版主必须监测、封存并清除煽动新纳粹主义的内容，否则要负刑事责任。英国 2003 年通过的《性侵犯法及谅解备忘录》、1976 年的《种族关系法》及 2000 年的《修正案》等 6 部法律对儿童色情和种族主义的相关规定，成为互联网内容的禁区。法国 1997 年 3 月提出的《互联网宪章（草案）》中就对非法的网络内容进行了明确的定义。澳大利亚《联邦分级法（1995）》中的被定为 RC、R18 或 X18 的内容，就禁止在互联网上传播。

新加坡《互联网管理法》规定，对网上涉及"反政府和影响民众信心""煽动种族和宗教仇恨、歧视""危害公共安全和国防"等内容进行管制，并将上百个政治性网站列入禁止访问清单中。2005 年，17 岁的新加坡中学生颜怀旭以"极端种族主义者"自居，在自己的博客中表示仇恨马来人和穆斯林，叫嚣要"用狙击步枪暗杀部分政治人物"。结果于同年 11 月 23 日，新加坡法院依照《煽动法令》判处被告缓刑监视 2 年，且必须从事 180 个小时的社区服务。在此之前的 11 月 7 日，另外两名青少年因在博客上发表种族主义言论，被法院判罪。

西方主要国家的媒体网站很少开设论坛和新闻跟帖，据有关部门对 20 多个国家 60 多个知名英文媒体网站的调查，开设新闻跟帖的只有 5 家，开设论坛的只有 9 家，基本不向普通网民提供博客服务，且开设论坛的网站都有严格的监管制度，如美国《纽约时报》、《华盛顿邮报》网站都明确规定，网站"有权删除、编辑网民的各种言论"。

许多国家积极探索网络实名制。在德国、英国、芬兰等国家，家庭接入宽带，不仅需要实名登记，而且必须使用固定的 IP 地址。在欧盟国家，居民购买无线上网卡需要提交身份证，在公共场所无线上网也需要用身份证或信用卡注册。韩国从 2005 年 10 月起实行网民在网站发言验证身份制度，每个网站对申请邮箱或聊天等服务的用户要求填写详细的客户资料，包括填写真实姓名、住址、身份证号、职业等；对 17 岁以下没有身份证的青少年，网站在获取他们的详细信息后，会以向手机发送密码的方式确认使用者身份，外国人注册韩国博客的也需要提供有效证件。

英国内政部、贸工部不仅设有管理互联网的专门机构，还直接指导和资助"英国网络观察基金会"，全面监控网上信息内容。日本形成了以总务省为核心的网络管理体系。新加坡把互联网管理职能集中到传媒发展局，统一管理网上内容。法国由全国信息自由委员会负责网站注册和内容监管，并明确规定网站注册必须提交书面材料。美国国防部几年前就成立"黑客"部队和第 67 网络战队。2006 年，又组建一支网络媒体战部队，其主要任务是全天候监控网上舆论，"力争纠正错误信息"，引导利己报道，对抗反美宣传。网络媒体战部队成员不仅具有较高的计算机水平，而且具有一定的新闻宣传理论知识，他们既是电脑高手，又是出色的"记者"。

各国政府除了利用法律及技术手段对网络内容"把关"，以"堵"的方式阻截不良内容之外，还十分重视运用"疏"的方式，加强网络信息安全的公众教育工作，帮助公众回避不良信息，为公众提供其他可供选择的信息来源。例如，美国联邦调查局和教育部曾制作并散发一些指导安全使用网络的手册，告诉家长怎样了解孩子是否受到网上不法行为的诱惑，怎样向有关部门报告，等等。政府还开设专门网页、网站及专线电话，通告网上儿童色情及暴力活动的信息，支持建立专门适合青少年的网站。www. kids. us 就是一个政府支持的"放心网"，该网站所有内容均受到核查、不含色情内容及聊天室、不存在儿童不宜访问的网页链接等。而国会支持的一个网站 i－SAFE 自 1998 年建立以来，已经发展成为教育青少年正确使用网络的著名网站。新加坡政府于 1999 年成立了"互联网家长顾问组"，由政府出资，通过举办培训班等方式，帮助家长指导孩子安全上网。

（二）行业自律与社会监督，多管齐下

面对互联网日新月异的发展，各类业务和应用日趋丰富及普及，互联网对一国的政治、经济、文化、教育等影响越来越大，各国已普遍认识到互联网的发展需要政府的干预与管理、行业组织发挥作用、社会公众的监督等多种手段。

在互联网发展的试验研究网络和学术性网络阶段，网络内容的管理主要是靠用户自律解决。互联网从学术性网络转变为商业性网络和全球公共基础设施之后，其初期对网络内容的管理还是继承以行业自律为主，各国纷纷成立各种形式的行业自律组织，如美国的在线隐私联盟、隐私认证计划，英国的互联网观察基金会、互联网服务提供商协会，日本的财团法人互联网协会、互联网伦理机构等。直至今天，行业自律依然是维护网络健康规范发展的重要制度形式之一。

目前，国际互联网举报热线联合会已有 22 个成员，都是各国负责上报工作的行业组织。各国普遍实行有害信息"通知删除"和"删除免责"机制，要求网站必须承担社会责任。1996 年 9 月，英国网络服务提供商自发成立半官方组织———网络观察基金会，在贸易和工业

部、内政部及城市警察署的支持下开展日常工作。为鼓励从业者自律，与由 50 家网络服务提供商组成的联盟组织、英国城市警察署和内政部等共同签署《"安全网络：分级、检举、责任"协议》。网络观察基金会以此为基础，制定从业人员行为守则。经过十几年的努力，成效显著。2006 年公布的报告显示，英国网上源自本土的非法内容，已从 1996 年的 18% 下降到 0.2%，在被举报的网上非法信息源中，来自英国本土的只占 1.6%。

日本的行业自律体系比较完善，电气通信业者协会、电信服务业提供商协会等行业组织，制定一系列行业规范，与政府部门形成了互为补充的互联网管理体系。埃及互联网协会颁布规定，要求所有会员使用互联网时应自律，并遵守 10 项内容，如"有责任与公众的安全、健康、福利需求保持一致，要迅速揭发可能危害公众、环境以及可能影响或与埃及传统价值、道德、宗教和国家利益相冲突的一切因素"、"发表主张时严格遵守诚实守信的要求，依据可靠数据提出主张"、"避免因错误或恶意的行动伤害他人"等。

（三）技术支撑，构筑防洪堤坝

面对互联网上良莠不齐的海量信息，通过技术手段，支撑互联网内容管理，最大限度地保护广大用户不受不良和有害信息的影响，这已成为世界各国普遍采取的有效措施。目前广泛使用的三种形式技术手段，构筑了维护网上信息和文化安全的几道防线。

防线一，鼓励在互联网终端上安装过滤软件，美国、德国、新加坡、澳大利亚等国家均推行此类政策。如美国鼓励互联网过滤软件在家庭中的使用已登载到美国法典之上，而 2000 年通过的《儿童互联网保护法》中明确规定，得到联邦政府资助的公立图书馆，必须在其电脑系统中安装过滤软件。

防线二，通过技术手段对互联网内容进行分级，采取此措施的国家有英国、澳大利亚、法国、德国等。如英国通过研究开发"互联网内容选择平台"，对网络内容进行分类标注，用户可以自行决定是否浏览该内容。

防线三，在互联网路由节点上对互联网内容实施技术监测和封堵，出于国家安全的需要，基本上每个国家都会采取此类措施。如新加坡通过代理服务器技术来阻止用户进入政府禁止的网站；澳大利亚2003年更改了《信息自由法案》，对互联网内容的审查更加严格；美国的互联网监控技术力量更为强大，能够对其互联网上传播的内容和电子邮件进行全面监控。

网络社会本身就是由高技术、高智能的互联网络技术支撑的，只有在技术层面对网络不道德行为特别是网络犯罪加以预防和制止，并对已经实施的有害行为进行有效打击，才有可能保证网络社会的正常秩序，维护网络社会的安全与宁静。

（四）且观他山之石如何攻玉

各国政府的做法对中国政府科学合理地管理互联网提供了不少有益的借鉴。网络是一个虚拟世界，对网络的管理是个系统工程。既要有市场力量和行业、公民的自律、舆论的软约束，也必须通过立法将一些基本网络道德规范上升为法律法规的硬约束，既要靠政府主导，进行法规和行政管制，也要靠民众参与，进行广泛监督全社会共同行动。各个国家的侧重点虽然有所不同，但没有一个国家的管理手段和方法是单一的，都是综合的、多管齐下的。

首先，完善网络立法制度，严格执法。网络管理应该有章可循，章法应该适应变化。互联网立法目前正面对着许多新的问题，比如新兴的电子商务、网络隐私侵犯、网络欺诈等，这些都需要有的放矢地立法，并且进行适时调整以应对变化。

其次，积极支持网络信息控制技术研究，推动网络安全维护。网络是高科技发展的产物，以技术控制技术，以技术手段监控网络就成为对网络有效管理的必然选择。然而，技术本身的机械性，不可能灵活地处理各种具体问题。而且，有控制技术就会产生相应的反控制技术。尽管如此，面对海量的信息，各国都普遍采用和使用技术控制手段，并不断研制管控的新技术。

再次，提升网民的网络素养，强调保护未成年网民。网民中的青少年为数众多，尽管父母可以承担一些对孩子进行网络使用教育的责任，但大多数父母可能不比他们的孩子更懂得如何使用网络，也可能因为个人精力有限而难以担此重任。各国政府都对指导未成年人安全上网，回避和抵制色情、暴力等有害信息投以格外的关切，并组织媒体、教育部门、社会力量等通过举办公益讲座和散发印刷品等方式让更多的青少年和家长理解网络技术以及网络传播中的利与弊，对其上网行为进行监督和辅助。

最后，重视文化理论研究的先行及其对决策的支撑。网络环境不仅仅是技术问题，更是一个文化问题。从根本上来看，未来将是文化内容，而不是技术来决定网络空间的发展方向，包括文化背景、民族理念、社会心理、政治和文化价值观念等在内的各种因素都将产生深远而巨大的影响。我们在向国外学习、衡量国内外差距时，决不能仅仅看到基础设施的投入和建设规模，而忽视了彼此之间不同的历史起点、不同的经济基础，忽视了文化背景和管理体制的差异，忽视了国外对网络信息资源的开发和利用方面的关注与投入，忽视了信息强国长期以来对文化价值观发展战略的把握及对互联网负面影响的防范。因此，我们必须重视民族文化、生存方式、价值观、行为规范等对网络文明的推动和影响，在完善法律规章和发展信息技术的同时，也要推动相关人文社会科学的理论研究，让社会科学研究人员更加有效地投入到网络文化建设和网络安全维护的工程之中来。

总之，随着互联网成为全球数亿人的共同生活场景，网络环境亟待治理在各国已基本达成共识。正如美国学者劳伦斯·莱斯格所说的那样，"网络正在朝着一个特定的方向演进：从一个无法被规制的空间走向一个高度约束型的空间。网络的'本质'或许曾经是它的不可规制性，但该'本质'即将消逝"。①

三 走自己的路：建设中国特色的网络文化管理制度

2008 年 1 月 22 日，胡锦涛总书记在全国宣传思想工作会议上发表讲话，谈到了加强网络文化建设和管理的重要性，他说，互联网已成为各种社会思潮、各种利益诉求的集散地，成为意识形态较量的一个重要战场。② 网络传播无国界，具有天然落地的特点，隐匿性和交互性很强，大大增加了管理工作的难度。可以说，人们对互联网的认识已知远不如未知，其技术发展和社会影响还将发生深刻变化。我们必须从占领文化传播制高点的高度，抓住信息化的历史机遇，善于运用先进技术传播先进文化，积极发展中国特色网络文化。

从互联网进入中国至今，网络制度管理大约经历了三个阶段：初创阶段、发展阶段和逐步完善阶段。

20 世纪 90 年代中期到 90 年代末是中国互联网早期发展与初步繁荣阶段。这一时期，政府对互联网的管理是以扶持、建设、推动为主导。宏观上，政府积极进行规范化建构；微观上，则针对具体问题进行探索性管理。这一阶段，政府发布的网络规章制度、法律规范，针对面临的具体问题，主要有网站备案与域名管理、国际联网安全管理、网吧与网络音视频管理等方面。这些管理文件涉及网络管理的不同方面，多以"通知"、"暂行办法"、"暂行规定"的形式出现，虽然不是十分成熟，

---

① ［美］劳伦斯·莱斯格著：《代码：塑造网络空间的法律》，李旭等译，中信出版社 2004 年版，第 32 页。

② 胡锦涛："在全国宣传思想工作会议上的讲话"，发表于《人民日报》2008 年 1 月 23 日。

但它们初步构建了中国互联网管理的法制框架。

2000~2003 年是中国网络法制管理的发展阶段。针对超速发展的互联网，特别是丰富庞杂的网络内容，政府这一时期将管理重点放在内容管理上。这一时期对前一阶段的管理规范进行了明显的完善，如针对网站备案与域名管理、网吧与网络音视频管理方面，同时也进一步扩大了管理范围，如对互联网出版与互联网文化的管理，显示出政府网络管理水平迅速提升。

2004 年以后，中国的网络管理进一步完善。政府针对网站备案与域名管理进一步规范，网络文化与网络著作权等的管理进一步加强。网络内容管理仍然是政府关注的焦点，视频管理是这一时期新的管理重点。这一时期政府的管理理念有所转变，从早期的以控制为主转变到以引导为主。大量的网上舆论成为政府不可缺少的洞察民情的重要窗口，因此政府管理部门纷纷成立网络舆情检测机构，有意识地对网络舆论进行分析、研究，不断提高政府引导网络舆论的能力。①

（一）中国的互联网管理体系

依据 2010 年 6 月 8 日国务院新闻办公室发布的《中国互联网状况》白皮书，中国管理互联网的基本目标是：促进互联网的普遍、无障碍接入和持续健康发展，依法保障公民网上言论自由，规范互联网信息传播秩序，推动互联网积极有效应用，创造有利于公平竞争的市场环境，保障宪法和法律赋予的公民权益，保障网络信息安全和国家安全。

十几年来，中国始终在努力完善法律规范、行政监管、行业自律、技术保障、公众监督和社会教育相结合的互联网管理体系。

1. 中国依法管理互联网

为了促进互联网发展，规范互联网服务提供者和互联网用户的行

---

① 余秀才，徐颖："中国互联网的法制管理问题及其完善"，载于《三峡大学学报（人文社会科学版）》，2010 年 1 月第 32 卷第 1 期。

为，为互联网管理提供法律依据，1994 年以来中国颁布了一系列与互联网管理相关的法律法规，主要包括《全国人民代表大会常务委员会关于维护互联网安全的决定》、《中华人民共和国电子签名法》、《中华人民共和国电信条例》、《互联网信息服务管理办法》、《中华人民共和国计算机信息系统安全保护条例》、《信息网络传播权保护条例》、《外商投资电信企业管理规定》、《计算机信息网络国际联网安全保护管理办法》、《互联网新闻信息服务管理规定》、《互联网电子公告服务管理规定》等。中国的《刑法》、《民法通则》、《著作权法》、《未成年人保护法》、《治安管理处罚法》等法律的相关条款也适用于互联网管理。中国互联网管理法规纵向体系呈金字塔状，处于效力最高级别的法律仅有两部，一部是《电子签名法》，另一部与法律效力阶位一致的《全国人大常委会关于维护互联网安全的决定》。第三效力阶位的部门规章以互联网内容管理规章为主，包括《互联网新闻信息服务管理办法》、《互联网出版管理暂行规定》、《互联网等信息网络传播视听节目管理办法》等。这些内容管理规章的显著特点是在形式上表现为业务规章，除了电子公告业务以外，其他的管理规章无一例外都设置了前置审批制度。以上相关法律法规涉及互联网基础资源管理、信息传播规范、信息安全保障等主要方面，对基础电信业务经营者、互联网接入服务提供者、互联网信息服务提供者、政府管理部门及互联网用户等行为主体的责任与义务作出了规定。法律保障公民的通信自由和通信秘密，同时规定，公民在行使自由和权利的时候，不得损害国家、社会、集体的利益，以及其他公民的合法的自由和权利，任何组织或个人不得利用电信网络从事危害国家安全、社会公共利益或者他人合法权益的活动。

2. 政府部门在互联网管理中发挥主导作用

政府有关部门根据法定职责，依法维护公民权益、公共利益和国家安全。据不完全统计，目前中国政府参与互联网管理的部门已达到

16 个之多。国家通信管理部门负责互联网行业管理,包括对中国境内互联网域名、IP 地址等互联网基础资源的管理。依据《互联网信息服务管理办法》,中国对经营性互联网信息服务实行许可制度,对非经营性互联网信息服务实行备案制度。国家新闻、出版、教育、卫生等部门依据《互联网信息服务管理办法》,对"从事新闻、出版、教育、医疗保健、药品和医疗器械等互联网信息服务"实行许可制度。公安机关等国家执法部门负责互联网安全监督管理,依法查处打击各类网络违法犯罪活动。此外,国务院法制办也是一个重要的互联网管理部门,它的主要职责是负责协调有关部门制定和完善加强互联网管理的有关法律法规。

3. 积极倡导行业自律和公众监督

互联网作为一个新型媒体,加强自我管理和自我约束是实现有序发展的内在要求。推进互联网行业自律,做到自觉维护主流思想、自觉传播先进文化、自觉抵制低俗之风、自觉维护公平竞争,共筑网络诚信是互联网行业努力的方向。2001 年 5 月,中国互联网协会成立,这是全国性互联网行业组织,其宗旨是服务于互联网行业发展、网民和政府的决策。该协会先后制定并发布了《中国互联网行业自律公约》、《互联网站禁止传播淫秽色情等不良信息自律规范》、《抵制恶意软件自律公约》、《博客服务自律公约》、《反网络病毒自律公约》、《中国互联网行业版权自律宣言》等一系列自律规范,促进了互联网的健康发展。互联网是面向公众的,必须对公众负责,因此,也需要公众的监督。为加强公众对互联网服务的监督,2004 年以来,中国先后成立了互联网违法和不良信息举报中心、网络违法犯罪举报网站、12321 网络不良与垃圾信息举报受理中心、12390 扫黄打非新闻出版版权联合举报中心等公众举报受理机构,并于 2010 年 1 月发布了《举报互联网和手机媒体淫秽色情及低俗信息奖励办法》。举报中心积极配合执法部门及时处理公众举报,为净化网络环境作出了重要贡献,赢得了公众的广泛支持和信任。

4. 加强互联网的技术手段和道德教育，遏制违法信息传播

主张合理运用技术手段遏制互联网上违法信息传播。根据互联网的特性，从有效管理互联网的实际需要出发，中国政府主张依据相关法律法规，参照国际通行做法，发挥技术手段的防范作用，遏制违法信息对国家安全、社会公共利益和未成年人的危害。加强互联网法制和道德教育，促进全社会的法制和道德素养的提升，确保互联网环境建设。中国政府支持开展互联网法制和道德教育工作，鼓励各类媒体和社会组织积极参与，积极推动把互联网法制和道德教育纳入中小学日常教学内容，鼓励青年组织、妇女组织等相关组织开展有利于普及互联网知识和正确使用互联网的公益活动。确保未成年人上网安全。未成年人已成为中国网民的最大群体，截至 2009 年年底，中国 3.84 亿网民中，未成年人约占 1/3，互联网对未成年人成长的影响越来越大。同时，网络淫秽色情等违法和有害信息严重危害青少年的身心健康，成为社会普遍关注的突出问题。中国政府重视保护未成年人上网安全，始终把保护未成年人放在维护互联网信息安全的优先地位。《中华人民共和国未成年人保护法》规定，国家采取措施，预防未成年人沉迷网络；禁止任何组织、个人制作或者向未成年人出售、出租或者以其他方式传播淫秽、暴力、凶杀、恐怖、赌博等毒害未成年人的电子出版物以及网络信息等。国家鼓励研究开发有利于保护未成年人上网安全的网络工具，鼓励提供适合未成年人的网络产品和服务。

5. 依法保护公民网上隐私

保护互联网上的个人隐私关系到人们对互联网的安全感和信心。中国政府积极推动健全相关立法和互联网企业服务规范，不断完善公民网上个人隐私保护体系。《全国人民代表大会常务委员会关于维护互联网安全的决定》规定，非法截获、篡改、删除他人邮件或其他数据资料，侵犯公民通信自由和通信秘密，构成犯罪的，依照刑法有关规定追究刑

事责任。依据互联网行业自律规范，互联网服务提供者有责任保护用户隐私，在提供服务时应公布相关隐私保护承诺，提供侵害隐私举报受理渠道，采取有效措施保护个人隐私。

此外，中国还积极开展互联网领域的国际交流与合作。中国派代表参加了历届信息社会世界峰会（WSIS）及与互联网相关的其他重要国际或区域性会议。中国高度重视在维护互联网安全方面的区域合作，2009年分别与东盟和上合组织成员签订了《中国—东盟电信监管理事会关于网络安全问题的合作框架》和《上合组织成员保障国际信息安全政府间合作协定》。中国积极推动建立互联网领域的双边对话交流机制，2007年以来先后与美国、英国举办了"中美互联网论坛"和"中英互联网圆桌会议"。

总的来看，中国政府积极探索依法管理、科学管理、有效管理互联网的途径和方法，已初步形成符合中国国情、符合国际通行做法的互联网管理模式。

（二）网络文化管理的主要制度

根据中国现行的互联网管理法规，可以把互联网管理的客体划分为九大领域：互联网资源管理、互联网网络犯罪管理、互联网保密管理、互联网网络安全管理、互联网内容监管、互联网业务管理、互联网著作权管理、反垃圾邮件管理、电子商务管理。其中，互联网网络犯罪管理、互联网保密管理、互联网网络安全管理、互联网内容监管领域侧重于网络信息安全管理大领域，与网络文化管理密切相关。

目前对网络文化的管理主要是通过颁布法规确立制度，根据制度对相关的网站、业务提供者和用户等进行管理。参照各领域的管理法规，可以整理出有关网络文化的主要管理制度，如表4-1。

表 4 - 1   互联网信息安全管理领域的主要管理制度

管理领域	管理制度
互联网资源管理	对 IP 地址实行备案制度; 对境内设置并运行域名根服务器的域名根服务器运行机构、境内的域名注册管理机构和域名注册服务机构实行许可审批制度; 域名注册服务遵循"先申请先注册"原则,但为了维护国家利益和社会公众利益,处于中立立场的域名注册管理机构可以对部分保留字进行必要保护
网络犯罪管理	《全国人大常委会关于维护互联网安全的决定》 确定的四大类网络犯罪行为: (1)危害互联网运行安全的犯罪行为; (2)危害国家安全和社会稳定的犯罪行为; (3)侵犯个人、法人和其他组织的人身、财产等合法权利的犯罪行为; (4)利用互联网实施的其他犯罪行为
网络安全管理	计算机信息网络直接进行国际联网,必须使用工业和信息化部(原邮电部)批准的国家公用电信网提供的国际出入口信道; 对从事国际联网业务的,实行许可制度; 对于不同的互联网业务提供者,规定了不同的安全要求和需要落实的技术措施
网络内容监管	内容管理法律规范在形式上表现为专项业务的管理规范,各管理规章延续了《互联网信息服务管理办法》关于内容管理的重要制度; 记录制度、删除制度、处罚制度和电信监管部门的配合制度; 专项内容管理的特色制度: (1)新闻:细致的业务划分和相应的审批、备案制度,安全评估制度,以及业务年度报告制度; (2)文化内容:互联网文化审查制度; (3)视听节目:细致的业务划分和审批制度、业务来源限制制度、节目审查监控制度

管理领域	管理制度
互联网业务管理	互联网信息服务业务分为经营性和非经营性两类。前者实行许可制度，后者实行事前备案制度。对于新闻、出版、教育、医疗保健、药品和医疗器械、文化、广播电影电视节目等互联网信息服务，无论是备案还是许可，还要取得相应的主管部门的许可或审核同意
反垃圾邮件管理	电子邮件服务提供者的邮件服务器 IP 地址实行登记管理制度； 未经授权不得利用他人的计算机系统发送互联网电子邮件； 不得通过采用在线自动收集、字母或者数字任意组合等方式获得的他人的互联网电子邮件地址用于出售、共享、交换或者向通过上述方式获得的电子邮件地址发送互联网电子邮件； 确立了用户举报制度，并在规章明确了受理机构和受理流程

资料来源：韦柳融、王融，《中国的互联网管理体制分析》，载于《中国新通信》，2007 年 18 期。

国务院新闻办公室主任王晨在为十一届全国人大常委会组成人员做《关于中国互联网发展和管理》专题讲座时表示，中国依法加强对互联网基础资源、关键环节及信息内容服务的监管。一是规范域名、IP 地址和登记备案、接入服务管理。二是建立互联网信息服务准入退出机制，依法对涉及意识形态安全和公共利益的网络信息服务实行许可审批，建立健全日常监管、年度审核、行政处罚等一系列管理制度，形成有关部门协同处置有害信息、防范境外有害信息渗透的工作机制。三是积极探索网络实名制，在重点新闻网站和主要商业网站推行论坛版主实名制、取消新闻跟帖"匿名发言"功能取得实效，网站电子公告服务用户身份认证工作正在探索之中。[①]

国家自 2003 年起开展了网吧连锁工程，此后网吧的环境、管理和

---

① 崔清新："国务院新闻办：互联网基础管理制度初步建立"，新华网 2010 年 5 月 2 日电（http://tech.163.com/10/0502/12/65MAE7B3000915BF.html）。

服务等从整体上有了较大的提升，在解决未成年人进入和有害信息防范上，连锁网吧的自律与管理成效也相对显著。但是，在推进网吧连锁的过程中也出现了连锁网吧规模较小、市场占有率不高等问题。为解决这些问题，促使连锁网吧企业真正做到"连得起"、"锁得住"，文化部于2009 年 9 月印发《网吧连锁企业认定管理办法》，对全国、省级网吧连锁企业的认定标准和程序予以明确，对网吧连锁企业的管理提出了具体的管理要求。2010 年 9 月，瑞得在线、中录时空、零度聚阵、中电华通4 家全国网吧连锁企业已通过文化部认定，这是《网吧连锁企业认定管理办法》颁布后，首批认定的全国网吧连锁企业。根据文化部《全国网吧连锁企业认定工作申报指南》，申报全国网吧连锁企业应具备 4 个条件：一是注册资金不少于 5000 万元；二是全资或控股的直营门店数不少于 30 家，且在 3 个以上（含 3 个）的省份设有直营门店；三是符合连锁经营组织规范；四是所有直营门店在申请之日起前一年内未受过有关部门依据《互联网上网服务营业场所管理条例》做出的罚款（含罚款）以上的行政处罚。[①]

除贯彻执行上述管理制度外，为了能够更及时发现问题并对其进行有效的处理，相关部门还建立了一些网络监测平台、网络信息数据库等作为辅助手段，比如信息产业部建设管理的网络安全与技术平台、网站备案数据库、IP 地址数据库等，辅助进行管理。

（三）在实践中继续探索网络文化管理

"世界网络技术发展和中国网络文化建设与管理"，这是 2007 年 1 月 23 日中共中央政治局第 38 次集体学习的主题。当时胡锦涛总书记曾就加强网络文化建设和管理提出了五项要求：一是要坚持社会主义先进文化的发展方向，唱响网上思想文化的主旋律，努力宣传科学真理、传

---

① 国家文化部网站 http：//www.ccnt.gov.cn/。

播先进文化、倡导科学精神、塑造美好心灵、弘扬社会正气。二是要提高网络文化产品和服务的供给能力，提高网络文化产业的规模化、专业化水平，把博大精深的中华文化作为网络文化的重要源泉，推动中国优秀文化产品的数字化、网络化，加强高品位文化信息的传播，努力形成一批具有中国气派、体现时代精神、品位高雅的网络文化品牌，推动网络文化发挥滋润心灵、陶冶情操、愉悦身心的作用。三是要加强网上思想舆论阵地建设，掌握网上舆论主导权，提高网上引导水平，讲求引导艺术，积极运用新技术，加大正面宣传力度，形成积极向上的主流舆论。四是要倡导文明办网、文明上网，净化网络环境，努力营造文明健康、积极向上的网络文化氛围，营造共建共享的精神家园。五是要坚持依法管理、科学管理、有效管理，综合运用法律、行政、经济、技术、思想教育、行业自律等手段，加快形成依法监督、行业自律、社会监督、规范有序的互联网信息传播秩序，切实维护国家文化信息安全。①

应该说，以上对网络文化建设和管理的五项要求，前四项重在"建设"，第五项则重在"管理"。

时至今日，中国互联网仍在快速发展过程中，新情况、新问题不断出现，中国政府将坚持依法管理互联网的基本原则，立足本国国情，同时借鉴国外在互联网内容管理方面好的做法和有益经验，努力遵循互联网自身特点和发展规律，保障网络文化健康有序地发展。

1. 完善网络文化管理的法制体系

利用法制手段规范互联网行为，是网络管理最有效最成熟的做法，国外网络较发达国家的法制管理经验都充分证明了这一点。加强法制管理创新，不断完善目前的网络法制体系，是构建有中国特色网络管理机制的一个重要部分。

就中国的互联网法制管理实际看，互联网管理在立法方面仍存在一

———————————

① 转引自苏振芳主编：《网络文化研究——互联网与青年社会化》，社会科学文献出版社 2007 年版，第 7~8 页。

些漏洞与不足。首先是法制建设的速度问题。中国的网络法律、法规，多是针对 20 世纪末、21 世纪初的网络状况制定的，或是在原有法律基础上修改增补而成的，与现在的互联网发展状况相比要落后数年。立法缺乏前瞻性，很多法规在制定后很快便又落后于网络发展的实际。其次是立法层次偏低，缺乏统一的规划。中国现有的网络法规包括三个层次，即全国人大及常委会颁布的法律、国务院颁布的行政法规和行业最高管理部门颁布的行政规章。中国的网络法律条规大多数是部门颁布的行政规章及其下属机构颁布的大量规定性文件，多表现为管理办法、管理条例及法规解释等，人大与国务院颁布的层级较高、较统一的法律规范很少，互联网立法与管理的力度还远远不够。

因此，今后立法需要统一立法主体，提高网络监管法律的层级，即更多地由人大与国务院主持立法，减少和统一各部门的法律、规章与制度。在理论研究与司法实践比较完善时，制定一部统一的网络传播法，以提高法律的层次与效力。同时也应当和现有的其他法律规范相结合，并通过修改与完善这些相关法律法规，来规范人们的网络行为。

另外，法制教育也是网络法制管理的重要程序之一。目前网络管理的规范在互联网上出现率较低，即便出现，也是作为网民使用某项网络服务的事先阅读内容，实际上网民并不十分关注这些规定，甚至根本不看具体内容就会选择同意。在此情况下，有关的法律规范普及难免流于形式，宣传效果不理想。任何法律规范，如果不被大家知晓，即使制定得再完美，也无法发挥其约束和警戒作用。互联网很多违法犯罪，很多情况是网民对法制的不了解造成的，他们不知道网上什么行为是合法的，什么行为是明令禁止的，因此，应当由政府、网络从业者及网民三方共同推进网络的普法教育。①

---

① 余秀才，徐颖："中国互联网的法制管理问题及其完善"，载于《三峡大学学报（人文社会科学版）》，2010 年 1 月第 32 卷第 1 期。

2. 整合网络文化管理的监管体制

从管理的方式看，中国目前的互联网监管大多采用以业务准入为主的制度管理模式，重事前，轻事中和事后，这种管理方式不利于激发互联网市场活力。从管理的主体看，中国虽然有多个部门参与互联网的监管，彼此之间也有较为清晰的职责分工，但是各部门之间的监管边界仍然不清，管理出现重叠，特别是在那些新兴的技术和业务上，如彩铃、彩信、博客、播客、维客、维基、虚拟社区、视频网站等，在目前现行的"前后置审批"中，这些层出不穷的新业务的开展很难找到对应的管理部门。另外，网络融合业务的发展也使管理出现交叉重叠，很难明确一项业务的管理责任主体，在实际中造成管理混乱。各部门的监管缺乏整合优势，各自为政。彼此建立的数据库、监测系统、监管体系之间互不沟通，缺乏协调和联动机制，这既增加了监管的信息获取成本、执法成本，又使得监管往往达不到其应有的效果。中国互联网监管多部门规章，少法律文件，这使得中国的互联网监管往往代表管理部门的单一利益，不能形成社会多数的合意、监管互联网各方利益，这就使得中国的互联网监管"重管理，少扶持"，缺乏为促进业务发展而出台的权利义务规范性法律法规。因此，需要进一步界定清楚各部门之间的管理职责，特别是互联网内容管理的权限；有必要建立互联网管理的牵头协调部门，整合各部门的管理优势，也方便统一口径出台相应的互联网管理规章，达到协调管理的目的。

3. 改进对网络的行政监管

行政监管是法律手段和道德约束之外的一种手段，尤其是当法律还不完善和完备、道德约束乏力的情况下，行政监管的作用和成效就显而易见。将来我们可以在网络上设立"报警岗亭"和"虚拟警察"，接受群众举报，并建立网上接受举报、网下迅速处置的工作机制；可以探索建立网络信誉等级评价体系，分类分层定位管理，并定期评估、定期公布；探索建立网络从业人员资质认证制度，加强对从业人员的执业约束；积极稳妥地建立 BBS 准入制，推行网站备案制，逐步探索实行上网实名登记制和开设博客、播客、论坛版主、QQ 群主、聊天室主等实名登记或注册制；完善市场准入和退出制度，加快建立违法违规记录制度，对严重违法违规者实行行业禁入；建立网站绩效考核评价标准，完善网上阅评机制；明确互联网新业务的许可审批，完善监管措施，规范服务行为；根据形势不断开展打击网上各种违法行为的专项整治行动。

4. 营造道德自律和社会监督的文明氛围

网络文化是一种正在形成过程中的新文化，对其进行管理应注意指导性管理与制度化管理的科学结合。指导性管理是一种建立在网民高素质和高自律能力基础上的管理，它强调网民的自觉性，网民是净化网络的最终主力。自律是软约束，是靠内心的认知、信念和道德评判而起作用，这种作用一旦发挥就会持久广泛地延伸下去、发散开来。因此，要研究、构建出符合当代网络环境特点的网络道德规范，引导网络从业人员和广大网民增强诚信意识和社会责任意识，自觉抵制有害信息和低俗之风；要加强社会监督，借助广大网民的力量，充分发挥不良信息举报中心的作用，加强对基础运营商、接入服务商、内容提供商的舆论监督，落实举报奖励制度，定期向社会公布受理和查处情况；各基础电信运营企业、互联网接入服务单位和各类网站都应坚持把社会效益放在首位，认真落实自律公约，建立有效的有害信息发现机制、监督机制和处置机制，自觉对网上信息内容进行监管；各类网站应主动开展自查自纠，不链接不健康网站，不发送不健康短信，不登载不健康广告，不运行、不传播有暴力色情内容的游戏、图片、视听节目和文学作品，及时发现、过滤和删除网上有害信息。

5. 有的放矢地管理互联网阵地的要点

加强互联网阵地管理，首先要管好登录网络的环节。随着互联网的快速发展，目前网民上网已不再局限于网吧和单位的公共机房，而是扩展到了私人空间。网民登录网络也不仅限于通过网线、电话线，而是发展到了无线上网。在这种情况下，简单的物理空间概念上的源头管理已无法奏效，因此必须对登录网络环节制定相应的管理办法。目前，有的单位和系统已实行了网络实名注册制度，实际上，这一办法在国外已较普遍使用，应该予以大力推广。其次要加强对主要管理者和关键网民等重点群体的管理。主要管理者是指网络管理员、系统管理员等具体负责网络管理和安全维护的人员，对于这部分人，要提高他们的网络管理和安全防范意识，增强他们的责任感和使命感，使其认真履行岗位职责。关键网民分为两部分：一部分是指 BBS 的版主、QQ 群的创建人等，这些人员是"铁杆网民"，他们在网络上具有较高的威信，并且直接行使部分网络管理权，对于这部分人要加强宏观管理，加强思想政治教育，使其为我所用；另一部分是指上网较多的网民，使其养成良好的上网习惯和文明的网上行为方式具有十分重要的意义。最后要加强对 BBS、QQ 群及博客的管理。网络舆论大都发端于互联网上具有交互性内容的版块，因此管理好 BBS、QQ 群及博客是管理好网络的关键和标志。

6. 以先进的技术手段支撑互联网内容管理

与过去相比，当前互联网上传播的内容发生了质的变化，从以文字为主转变到以图片、音视频等多媒体文件为主，这对互联网内容管理提出更多挑战。面对互联网上的海量信息，要综合利用各种先进的技术手段和措施，从而不断提高运用和驾驭网络的能力，构建一个安全、和谐的互联网。在互联网终端上，不仅要鼓励家庭过滤软件的使用，更要从计算机硬件配置上来考虑过滤不良信息；在网络路由节点上，要提高对互联网各类业务与应用的监测和封堵能力，把好信息的出入口关；在音视频管理上，创新数字版权技术，加强对网络音视频流量的监测与管理。当前人们所探索的三网融合——电信、电视、互联网的融合，是中国网络文化发展的一种趋势，是三网在技术、业务、管理、服务、市场等诸多方面的融合，也是建设有中国特色的网络文化的重要一步。

四 我有我方向：以社会主义核心价值体系引领网络文化

价值观是文化的核心，它关系到网络文化的性质和方向。如何立足于今天的网络政治、经济和文化背景，为广大网民的行为和实践提供科学的、正确的价值导向，就显得极为必要和迫切。社会主义核心价值体系是中国特色网络文化的核心，构建中国特色网络文化就必须通过社会主义核心价值体系来引领网络中存在的各种文化、各种思潮，在辨别中引导、在引导中协调、在协调中整合。

（一）网络文化不该迷失方向

一定的文化总是承载着相应的价值观念，一个文化传播的过程，同时也是价值观扩张的过程。网络文化也不例外。在国运多艰的 2008 年，所发生的几件大事都曾在网络世界掀起的全民大动员、大讨论，网络文化的巨大威力得到了最为淋漓尽致的体现，生动直观地展现了当代中国人，特别是中国青年的精神风貌，全景式地反映出目前错综复杂的价值体系现状。

当 3·14 达赖集团打砸抢烧暴力事件发生后，面对西方媒体的不实报道和肆意歪曲，是中国网民群策群力，利用网络这一"照妖镜"，率先将某些西方媒体移花接木、混淆视听的丑陋罪行"现场擒获"，发表了大量网络评论、视频、跟帖，彻底撕破了曾经不可一世的某些西方媒体"公正客观"的伪善面目。在保卫奥运圣火海外传递的过程中，又是广大网友利用网络这一互动平台，集合信息，凝聚共识，高举起五星红旗，以自己的血肉之躯组成护卫奥运圣火的万里长城。在四川汶川发生重大地震灾害后，广大网民浸润着血浓于水的同胞亲情，时刻关注灾情，主动献计献策，在捐款救灾、组织志愿者等活动中都发挥了重要的作用，充分展现了中国人民在灾难来临时团结互助、善良友爱的品质和强大的民族凝聚力与文化认同感。而某些所谓"精英分子"在灾后为"范跑跑"之流所作的强词夺理的辩护，则受到绝大多数网民的批判与唾弃。事实证明，网络开放虚拟的特性并没有摧毁反而进一步强化了国人对社会主义核心价值体系的认同，网络已然成为展示中国社会主义核心价值体系建设成效，自己教育自己的最佳平台，具有推广与弘扬社会主义核心价值体系的有益因子。

然而同样不容忽视的是，与网络文化的虚拟、自由和开放性等特征相伴随，通过网络制作和传播的某些信息严重地偏离了网络文化应有的正确发展轨迹，并给人们的世界观、人生观、道德观、审美观、历史观等价值观念带来了一系列不得不正视的严峻问题，有待科学的方向引领。

网络文化的易复制性和娱乐性淡化了人们的政治理想和道德观念。

早期西方资本主义国家对社会主义国家实行"遏制战略"，采取以政治孤立、军事包围和经济封锁为内容的不同措施；现在网络媒体在娱乐性的掩护下使得西方国家转向实行"超越遏制战略"，利用其在信息网络技术上的优势把它们的价值观复制到社会主义国家，对社会主义国家进行全面的价值观渗透，诱使社会主义国家的人们认同西方价值观念，致使一些人在全球化影响和西方错误思想渗透下，对西方政治制度和政治观念产生认同心理，而对中国特色社会主义发展道路持怀疑态度。

网络文化倡导的虚无主义和享乐主义侵蚀了人们的价值追求和精神信仰。

网络文化为每一个选择它的人提供了展现自我、创造价值的机会，但是它同时也成了某些人失去自我的陷阱。理性"E"一代产生的同时也产生了非理性的个体，他们把网络文化活动看做生活的全部，他们无法区分虚拟世界与现实世界的差异，痴迷于细腻的电子化情景，在那里将自我消失在对象世界中，甚至无法回到实际的生活世界，失去了富有价值追求的人生志趣。网络文化通过刺激人们的消费欲望，用消费主义和享乐主义价值观吞噬人们的心灵，使他们沉溺于平庸的娱乐和无聊的消遣之中，失去精神养分的滋养，也不再有来自信仰的激励。

网络文化由于是一种由技术塑造的文化，它以一种强烈的同质化力量单面塑造着人们的价值观，导致认同危机。

网络文化的广泛传播形成了一股潮流、一种时尚、一种环境、一个氛围，使得卷入其中的人们特别是不谙世事的年轻人在兴趣、喜好和口味方面日益趋同，冲淡了文化本应具有的思想的丰富性和价值的多样性。网络文化的快速发展，也使人们的价值观辨别能力减弱，并产生颠倒、扭曲和错位。虚拟网络文化的膨胀发展使得一些人的行为完全从自我感受出发，以自我为中心，淡化对远大人生理想的追求和人生意义的严肃思考。人与机器的界线受到了怀疑和挑战，自我与他人的固有界线遭到了怀疑。一方面，虚拟的网络文化瓦解了传统社会中群体的身份认同，从而产生严重的自我认同危机；另一方面，纷繁复杂的网络文化又混淆社会主导价值标准，导致民族传统文化与社会价值认同危机。深藏在网络技术之中的西方文化价值观通过网络文化渗透到社会的各行各业，会自觉或不自觉地弱化国家和民族层面的传统价值观念，导致对民族传统文化的认同危机。①

（二）社会主义核心价值体系的网络话语方式

社会主义核心价值观是反映社会主义基本的、长期稳定的社会关系及价值追求的价值观，是在社会主义革命、建设和改革开放历程中逐步形成和发展起来并指导社会主义健康发展的价值目标和价值观念。以坚持马克思主义指导思想、确立中国特色社会主义共同理想、弘扬以爱国

---

① 周成龙："用社会主义核心价值观引领网络文化"，载于《中共太原市委党校学报》，2008 年第 6 期。

主义为核心的民族精神和以改革创新为核心的时代精神、树立社会主义荣辱观为基本内容的社会主义核心价值体系，是中国社会主义意识形态的性质和方向的集中体现，是社会主义市场经济条件下进行社会文化建设和思想道德建设的基本要求。社会主义核心价值体系作为社会主义意识形态的本质体现，引领着网络文化健康发展的正确方向。

以社会主义核心价值体系引领网络文化，价值的硬核固然至为关键，但引领的方式方法也同样重要。一方面，要引导广大网络受众坚定马克思主义信仰，树立中国特色社会主义共同理想，增强对民族精神、时代精神和社会主义荣辱观的自觉信念；另一方面，还要科学解释现实社会道德问题，有效解决多样社会下的人们价值冲突，充分发挥其应有的传递时代精神、塑造时代品格、为社会发展提供思想价值导向与精神动力作用。为此，就必然要以网民能够理解、乐于接受的话语方式来引领网络文化的走向。

1. 价值体系内外的对话方式

意识形态相对于经济社会发展与社会生活实践而言具有滞后性，社会主义核心价值体系要发挥超越、引领其他文化价值形态的强大逻辑能量，体现自身在多样价值中的科学性、先进性与比较优势，就必须不断丰富和发展自己，以高度的理论自觉性，与经典马克思主义对话，与中国特色社会主义实践经验对话，与国外马克思主义理论及其新发展对话，与民族优秀文化传统对话，与西方国家建设经验和人类共同文明成果对话。在网络化生存时代，社会主义核心价值体系与体系内外的知识、价值系统对话无处不在。通过不断地沟通、对话，社会主义核心价值体系才能在无限丰富的社会生活实践与开放知识信息、多样价值系统中，不断实现自身理论自觉，发挥整合其他文化价值的强大力量。

2. 阵地文化的发声方式

阵地文化建构的第一步是阵地资料管理，它是指网上意识形态数据库的管理模式，就是充分利用网络这个具有强大的存储、检索和互动功能的信息与传播平台，把社会主义核心价值观的相关理论体系通过专业网站、网页、栏目或消息报道等形式储存、链接到网络上，展开社会主义核心价值体系阵地资料的建设与管理。在网络传播环境下，社会主义核心价值体系建设要强化阵地意识，加强自身阵地建设，不断开发和完善适应网络文化环境的技术模式、软件模式、资料模式和教育模式，构建丰富、全面、即时、灵活的社会主义核心价值体系的阵地资料。

3. "网语体系"的运用方式

语言是思想的外衣，话语方式与言语表达是人类社会不同文明方式最集中、最直观的揭示。网络作为现代人的生存方式与发展方式，它对人的精神价值、世界的深刻影响的之一就出于网络对人的语言环境的改变。网络语言是网络受众尤其是青年群体以网络生活为主题创造出的"键盘语言"，是网络文化下的社会思潮的载体，是网络时代网络受众"新的言语"形式。网络语言生成于网络多样价值的环境中，它的前卫性、叛逆性、简约性、直观感性化，体现了信息时代的网络受众求新、求异的个性特征，及其对社会生活理解和批评的率真性情。网络语言出现与兴起，很大程度冲击着传统规范化、样板化的思想教育的话语体系，给意识形态建设带来巨大冲击与挑战。在网络文化多样价值环境中的社会主义核心价值体系建构及其对其他价值的引领，将无法回避网络语言兴起带来的挑战。网络语言就其性质而言是中性的，它给思想教育带来冲击与挑战的同时，也为现代人的思想解放、主体性发展、个性创造提供了沃土。网络境遇中社会主义核心价值体系建设的应对之策，恰恰在于如何使中性的网络语言为自身建设服务。社会主义核心价值体系建设必须直面"话语权"的挑战，一方面要把握网络语言的规律与趋势，对个性张扬的网络语言以科学有效的引领与规范；另一方面又要汲取与借鉴网络语言的积极因素，开发并运用自身的"网语体系"，通过网络受众喜闻乐见的话语风格与表达形式，找准理论宣传与现实生活的结合点，形成社会主义核心价值自己的"网语体系"，使其有效融入网络受众尤其是青年群体的"交往话语"之中。①

(三) 以先进技术传播先进文化

面对光怪陆离、纷繁芜杂的网络文化现象,既要以兼收并蓄的博大胸怀和更加开放的姿态,大力推进网络文化建设,又要以社会主义核心价值体系作为思想武器,对其进行有效的引导,以先进技术传播先进文化,避免他们冲淡、消解甚至取代社会主义核心价值体系,这已成为网络时代不容回避的问题。经验表明,一种价值观能够被社会成员广泛认同,很大程度上取决于宣传普及的力度。对此,网络媒体要充分发挥宣传阵地作用,充分运用网络媒体各种形式来表达和诠释社会主义核心价值体系,使这一价值体系的基本内容和基本要求家喻户晓、深入人心。

一是充分利用网络信息量大、交互性强、自主性强及方便快捷等特点,坚持用马克思主义中国化的最新成果武装人们的头脑,改进马克思主义基本理论及其时代创新的大众化宣传,加强理想信念教育。事实上,马克思主义中国化的创新成果十分辉煌,但大众化、普及化工作相对薄弱,广大群众和网民对改革开放的衷心拥护未能有效地转化为对中国特色社会主义的广泛认同。这表现在,人们对"改革开放"耳熟能详、津津乐道,而对"中国特色社会主义"的认知度有限,"社会主义"这一词汇在一定程度上显得空洞而脱离实际、脱离群众,一些人甚至错误地将改革总结为"打左灯向右转"。因此,在马克思主义的大众化、普及化方面,网络媒体义不容辞,也大有可为。针对一部分人因网络文化的不良文化影响所产生的政治信仰淡漠,是非观念混淆,价值取向日趋"多元化"、"功利化"的问题,引导他们立志投身中国特色社会主义事业的人生理想和政治信念,立志为中华民族的伟大复兴贡献自己的力量。

---

① 曾盛聪:"论社会主义核心价值体系引领网络文化的方式与机制",载于《思想理论教育导刊》,2008 年第 12 期。

二是网络媒体可以通过各种形式宣传中国特色社会主义的共同理想，用中国特色社会主义共同理想凝聚人们的理想，比如可以在网上加强中国近现代史的教育，还可以通过网评、理论探讨、专家解读的形式宣传共同理想，探讨如何坚持中国特色社会主义共同理想，以创造坚持中国特色社会主义共同理想的舆论氛围，扩大人民群众对社会主义核心价值体系的认同基础。

三是充分利用网络媒体灵活多样的手段，把民族精神和时代精神立体化，用民族精神和时代精神激励广大人民群众。在五千多年的发展过程中，中华民族形成了以爱国主义为核心的团结统一、爱好和平、勤劳勇敢、自强不息的伟大民族精神。网络媒体可以以专题、系列解读、在线互动、电子书等形式，图文并茂的展现几千年来延续下来的伟大的民族精神，如革命斗争时期形成的井冈山精神、长征精神、延安精神、西柏坡精神；社会主义建设时期的大庆精神、雷锋精神、两弹一星精神；改革开放新时期形成的九八抗洪精神、抗击非典精神、抗击冰雪精神、抗震救灾精神等优良传统。通过形象、生动、立体化的实例，可以使网民更加深刻地体会到什么是爱国主义，什么是创新精神。

四是在网络媒体上加强对广大网民的社会主义荣辱观和道德修养教育，使他们知荣明耻，完善自我。网络媒体可以通过网上座谈会、新闻专题、在线访谈、flash 动画故事、DV 宣传片等多种形式，营造人人践行社会主义荣辱观的社会氛围，在思想意识上树立起荣辱观念，明辨荣辱是非。

五是通过培养认同社会主义核心价值体系的网络意见领袖，把握互联网上的舆论导向。通过控制信息传播，用单一的声音塑造统一舆论，这是世界上任何国家任何一届政府主导意识形态的基本手段。意见领袖是指在信息传递和人际互动过程中少数具有影响力、活动力的人，网络意见领袖是传统意义上的意见领袖的延伸，主要是指在频繁的网络活动中凭借发言的质量和频率，逐渐成为网络舆论的引导者。在网络舆论中起意见强势作用的仍然是传统大众媒介舆论中的意见领袖，如政治家、掌权者、学者、专家、艺术家、劳动模范、战斗英雄、政党领袖、新闻记者，等等。应该积极倡导各级领导、政府官员、管理工作者、思想政治工作者、理论工作者、专家、教授和学者精英阶层深入网络社区，参与网络论坛，把这些意见领袖有见地、有代表性的发言放在网页突出的位置，以强化主流言论的形式承担起传承先进文化、教育年轻一代、引领网络舆论的责任。

六是对网上的多样化社会思潮进行疏通和引导。疏通是前提和基础，引导是升华和目的。所谓疏通就是让人们把被核心价值体系所排斥或忽略的思想、观点、意见和看法表达出来，创造一种让人敢于说话、敢于探索、自由争鸣、畅所欲言的宽松气氛。所谓引导，就是指引导向，根据思潮的是非，采取不同措施，引导社会思潮朝着健康的方向发展，或者至少使之不妨碍社会机制的正常运动。一方面，对于正确的社会思潮，要予以肯定、采纳、运用和支持，把它作为建设社会主义核心价值体系的养料。另一方面，对于不正确的思潮，要进行实事求是、客观公正的分析、批评，以帮助人们认清各种思潮的本质，消解它们对人们树立正确价值观的不良影响。在互联网上，我们经常看到各种自由主义思潮、个人主义思潮大行其道，互联网甚至成为了错误思潮扩大影响的一个主要阵地，今后应该加强这方面的引导工作。

七是树立服务理念，开展对话交流。网络文化是一种开放的、平等的、自治的文化。网络文化的发展使传统的照本宣科的思想宣传方式不再有效，如果单纯地以正面灌输的形象示人就很难吸引网民的"鼠标走向"。因此，网络文化建设要改变传统的说教者的形象，改变居高临下的灌输者的心态，树立服务理念，以关心人、亲近人的方式接近群众，使用网民喜闻乐见的语言，与网民展开真诚的对话和交流。应适当地结合国内外的重大政治文化事件，在网上开展一系列丰富多彩的活动，吸引广大网民参与，发挥他们的主观能动性，尊重他们的自发创造精神，把网络建设成为自己教育自己的平台。利用先进的信息网络技术，思想宣传教育由"平面"变成"立体"，由"单调"换作"多彩"，由"显性"转向"隐性"，由封闭变为开放，变单一手段为全方位手段，潜移默化之中，可以切实地收到润物细无声的功效。

八是建设人才队伍。网络人才队伍既包括网络文化建设人才也包括网络文化管理人才。这样一支既谙熟思想政治工作艺术，又懂得网络技术的人才队伍，在虚拟的网络社会可以发挥极大的组织管理功效，由他们来开辟、利用、净化和占领网络文化阵地，激浊扬清，对推进社会主义核心价值理念，弘扬先进文化可以起到重大的推动作用。当前网络人才队伍建设的一个重点是加强网络社区管理人才的培养。社区论坛具有时效性强、参与度高等特点，在广大网民心目中具有不可取代的重要作用，受到网民的广泛认同。通过加强网络社区管理人才队伍建设，可以提升社区论坛的文化品质，引导舆论宣传的未来导向，扩大社会主义核心价值体系在网络多样文化中的整合力与引领作用。①

---

① 林壹："网络文化建设与社会主义核心价值体系"，载于《苏州大学学报（哲学社会科学版）》，2008 年第 6 期。

第五章

网络文化的园地建设与舆情疏导

网络文化现象的迅速崛起和勃兴，成为了当今社会万象筒里的一道奇异风景线。网上的虚拟社会是现实社会的缩影，网络文化作为现实社会文化在虚拟空间的延伸，凭其开放、互动、及时、丰富等特点，为营造文明健康、积极向上、科学发展的文化氛围提供了良好的实验场。作为整个文化生态中一个重要的领域，网络文化应当坚持社会主义先进文化的发展方向，唱响网上思想文化的主旋律，努力宣传科学真理、传播先进文化、倡导科学精神、塑造美好心灵、弘扬社会正气，营造共建共享的精神家园。

一 打造生力军：让品牌新闻网站的旗帜飞扬

"以正确的舆论引导人"，即包括报刊、广播、电视新闻宣传的舆论导向，无疑也包括网上宣传的舆论导向。重点新闻网站是网上思想文化主要阵地，在传播主流文化和引导舆论方面发挥着重要作用。

（一）主要网络时政媒体尽显主流姿态

根据第 26 次《中国互联网络发展状况统计报告》，截至 2010 年 6 月，网络新闻使用率为 78.5%，用户规模达 3.3 亿人，比 2009 年年底又增加了 2201 万人。互联网的快速普及和渗透，使网络媒体覆盖的人群范围更加广泛；伴随着网民上网时间的增长，互联网的"黏性"不断增强，网络成为人们获取新闻资讯的主要媒介之一，网络媒体的影响力快速提升。

1998 年之后，"门户网站"概念的提出促使国内一些商业网站迅速整合。新浪、搜狐和网易等门户网站以及不断开通的大量新闻网站开始全面涉足新闻传播，提供新闻之多、之快，令人赞叹，尤其是面对重大突发事件做出了抢先报道、连续滚动报道和全方位报道，展现了网络媒体在新闻报道方面的优势。在政府扶持下，截至 2003 年，以中央新闻网站为龙头、地方重点新闻网站为骨干、商业门户网站发挥积极作用的中国互联网新闻报道体系的格局已经形成。在"非典"疫情、"神五"发射与回收、美国攻打伊拉克等重大事件的报道中，网络媒体充分体现了主流姿态。2008 年 5 月，国务院新闻办公室网络局副局长彭波在 2008 年新媒体高峰论坛上表示，对汶川地震的报道，标志着网络媒体正成为中国社会的主流媒体。2008 年 6 月 20 日，胡锦涛主席在人民网"强国论坛"与网友在线交流 20 多分钟。

截至 2009 年年底，中国政府域名（gov. cn）下的网站已达近 5 万个，覆盖全部省级政府和国务院部门，以及 98.5% 以上的地市级政府，85% 以上的县区级政府（见图 5 - 1）。

政府网站的迅猛发展，得益于 2007 年 4 月发布的《中华人民共和国政府信息公开条例》以及 2008 年 4 月发布的"国务院办公厅关于施行《中华人民共和国政府信息公开条例》若干问题的意见"。条例将一直以来倡导的政府信息公开引入了法治轨道。而 2008 年发生的许多重大事件，比如汶川大地震、北京奥运会等，都促进了政府网站的建设和应用，成为全国乃至全世界人民了解这些事件的权威窗口。

图 5 - 1　中国以 gov. cn 结尾的网站数量

资料来源：中国互联网络信息中心网站，域名统计信息（http：//www. cnnic. cn/index/0A/index. htm）。

打开这些政府网站，在醒目位置，均可以看到信息公开的内容。涉及政府机构设置、机构职责、政策法规、办事依据和流程、政府管理最新动态等事项。这些网站正在成为地方对外集中办公的重要平台。通过网网相链接，所属各类机关、下属区县政府乃至公用事业单位的各类信息，集中检索都能查询。从中央到地方，已经普遍成立政务公开领导机构和办事机构，认真编制、修订政府信息公开目录，就群众高度关注的重要事项，均向社会公布。如食品安全法、新医改方案、法定节假日调整方案等，均向社会公开征求意见；物价、环保、征地，以及公共资金管理使用、重大生产安全事故、公共卫生安全事件等，主动公开信息。目前，全国31 个省市区、国务院74 个部门和单位建立了新闻发布和新闻发言人制度。①

当然，中国政府网站建设乃至电子政务建设，目前只是取得了阶段性的进步，仍然有许多方面有待进一步完善，比如加强政府网站的功能建设，增加网站信息量，注意网上内容更新的及时性，重视政府网站的

---

① 李立："3 万余政府网站成信息公开主渠道"，发表于《法制日报》，2010 年 3 月 23 日。

网络与信息安全管理等。未来政府网站的发展方向将不仅仅是数量的增加，而是内容和形式上的全面进步。

随着中国网民年龄结构的逐渐成熟和优化，网民中的主体人群已经成为社会政治、经济、文化的生产和消费主体，网络媒体的价值也正在经历由量的增长到质的提升的过程。同时，网络媒体的快速发展使报纸、杂志、电视等传统媒体的生存和发展面临挑战，并加快了向数字化媒体转移的步伐。

（二）主流网媒更要"争夺眼球"

网络时代，内容为王，受众对内容的接收几乎完全是主动的和有选择的，受众注意力的高低取决于传播的内容与形式的质量，因此，网络的竞争一直被看做是"争夺眼球的竞争"。网民的自主选择性极强，再好的东西如果没有吸引力，没有人点击浏览、下载使用，也不可能产生应有的社会影响。

由于网络本身的全球性特点，在当今信息和经济全球化的背景下，重点新闻网站不可避免地要面对全球网络媒体的竞争压力。与一些大型商业网站相比，我们的重点新闻网站实力相对弱小，影响力相对较低，尤其是地方新闻网站的建设远远落在了后面。要牢牢掌握网络文化发展的主动权，以真实准确的新闻报道击退虚假歪曲的网络消息，以网络文化的主旋律超越不和谐的音符，用高品位的文化产品挤压文化糟粕的生存空间，就必须加强主流网站建设，特别是新闻和政务网站的建设。

一是改进新闻报道和时政评论，提高对受众的吸引力，凝聚主流文化认同感。网络文化单位要以利用、引导群众的爱国热情和民族精神作为切入点，普及马克思主义中国化最新成果，用中国特色社会主义理想凝聚人心，用改革创新的时代精神鼓舞斗志，用社会主义荣辱观引领风尚。网站可通过与党校、社科院等部门的合作，在网上开辟理论专题，回答干部群众关系的理论热点问题，宣传阐释党和国家的方针政策，增强理论宣传的吸引力、影响力。

二是把握社会文化的新特点，关注人民群众对网络文化的需求，针对网民的多样化需求，提高更多个性化的服务，把重点新闻网站建设成为集新闻资讯、文化娱乐、信息服务为一体的综合性媒体和文化信息超市。各重点新闻网站可以在坚持正确舆论导向的条件下，在改变"千网一面"，打特色牌上下工夫，贴近生活、贴近实际、贴近群众，提高新闻宣传的吸引力、感染力，在经营管理和队伍建设上下工夫，真正把重点新闻网站做大做强。

三是围绕群众关注的热点问题，做好解疑释惑、化解矛盾的工作，把重点新闻网站和政府网站的论坛等互动性栏目作为开展舆论疏导工作的主要阵地。一方面要立足于网络受众的信息需要，强化信息服务，将宣传诉求寓于信息服务之中；另一方面要研究网上舆情，围绕关注热点，通过有效的网上议程设置激发网民的认知共识和情感共鸣，以丰富、翔实的信息内容支撑宣传主题。

四是在网络文化生产和传播过程中重视传播学理论的应用。互联网是一个交互性很强的媒体，传播者与受众之间的角色常常是模糊的，人们在接受信息和观点的过程中，也会基于自身的利益诉求在网上传播各自所掌握的信息和观点，形成对话和碰撞，使互联网成为各种思想与价值、信息与观点、经验与判断的集散地。因此，我们要研究探索与国内传播学界的合作机制和形式，研究网络传播的特点和规律，准确把握网民的接受习惯，善于利用各种流行的网络传播手段，善于运用"网言网语"。美国政府和军方在重视和应用传播理论方面的做法对我们是一个很好的参考。

五是充分发挥各类重点网站和传统媒体的作用。首要的任务是建设"国家队"，打造主力军，提高中央和地方重点新闻网站的竞争力和影响力。随着新华网、人民网等中央重点新闻网站实力的不断壮大和日益增强，可以依托重点新闻网站的整体优势，探索实施规模化运营的途径，鼓励重点新闻网站通过联合、兼并、收购、吸收国有资本参股等方式，组建网络媒体集团。其次是要充分发挥好政府网站的重要作用。各级政府网站应强化权威信息发布、政策解读功能，拓展完善公共服务，着力在提高信息时效性上下工夫，切实解决好一些政府网站面孔老、内容少、信息旧的问题。除进一步加强现有的各级重点新闻网站建设外，还要在商业门户网站、社区论坛网站、搜索引擎网站等加大主流信息的发布量。同时，发挥新闻网站与报刊、广播、电视等媒体联动的优势，将传统媒体宣传与网络媒体宣传有机结合起来，更好地发挥正面宣传和舆论引导的功能。

作为媒介而言，互联网媒体并没有超越新闻传播的发展规律，仍然要遵守那些基本的传播法则。但是有所不同的是，在这些规律中，添加的参数除了互联网技术，还有因技术提升了在信息传播过程中的地位和主动性的受众。不断进步的互联网技术将会带来更剧烈的媒介环境变化，而这些变化也需要网络媒体自身内部的优化整合，需要网络媒体与传统媒介的携手合作，更需要政策的支持和正确的社会导向。

（三）"网罗"网络媒体人才

网络文化涉及面广、综合性强，网络文化建设和管理人才应该从多方面培养和选拔。综观网络的性质和工作范围，应着重加强网络媒体、网络管理、网络专业技术和网络市场运营的人才队伍建设。

第一支队伍是新闻网站和各类官方网站的专业宣传队伍。由于中国的新闻网站大都基于传统媒体而设立，其队伍骨干来自于传统媒体，往往以传统媒体的宣传方法驾驭网上宣传，这明显滞后于互联网宣传的要求。而官方网站大多为单位现有人员所兼职，或外包给商业公司，缺乏精于专业的人才支撑，网站的宣传策划和传播影响均较弱。这就使得现有的新闻网站和官方网站在宣传上呈现相对弱势，因而必须通过专业队伍建设改善互联网宣传影响的格局，包括一批网上名编辑、名版主、名主持人和名评论员，一批掌握市场规则、富有竞争意识的经营管理人才，一批立足信息技术前沿、具有较强研发能力的专业技术人才，强化其应有的宣传效果和社会影响。

为此，不仅有关高等院校应设立相关学科和专业，培养网络文化发展所需要的各种人才，提供网络媒体人才库的源头活水，与此同时，针对网站的既有从业人员也需要建立和完善一系列管理制度，不断提高其整体素质。例如，建立网站从业人员资格认证和准入制度，网站新闻、时政论坛和手机短信负责人年度考评制度，网站编辑人员持证上岗制度，建立培训轮训制度，做好网络文化从业人员的上岗培训和重点岗位人员的业务培训，等等。

第二支队伍是分布于各社会领域的网络发言人和网络评论员队伍。各种组织和单位可以设立网络发言人，及时发布准确信息，回应和澄清各种网络传言，形成网上权威话语和主流声音。要优化整合，组建一支数量充足、专兼结合、反应灵敏，善于"网上来、网上去"，熟练使用"网言网语"，活跃于网络各个层面，被网民视为"网友"，能有效引导网民思想的评论员队伍。

为此，要团结、培养和使用好民间的"意见领袖"，发现培养自己的"意见领袖"；培养一批有能力、有影响力的网络博客写手，鼓励有条件的党政领导干部、政府新闻发言人、各行业各领域的权威人士、专家学者、宣传思想工作者开办博客播客；培养一批能够主动出击，与境外各种仇华、反华言论进行有效斗争的"网络卫士"；培养一批能够通达社情民意、引导社会热点、疏导公众情绪的网络宣传"策划家"。

"一网打尽"文化精品：建设网络精神家园

能否占领网络思想文化阵地，在很大程度上取决于我们能否给网民提供更多更好的网络文化产品和服务，能否增强对网民的吸引力和感染力，满足网民不断增长的精神文化需求。

因此，建设和发展一批具有鲜明民族特色、又让人喜闻乐见的文化网站乃是当务之急。那么，应当如何建设网络精神家园，将文化精品"一网打尽"呢？

（一）抵制粗鄙，网络文化产品精在品位

近年来网络文化的粗鄙化和低俗化令人侧目，当一切都以娱乐为价值尺度的时候，高尚的道德、优秀的文化、和谐的社会环境都很容易受到破坏，人的精神世界日渐失去应有的丰富和精致，同时网络运营者也只专注于制造热点、追求商业利益，缺乏应有的社会责任感。

前有"芙蓉姐姐"成名后被经纪公司推向商业活动，再有"凤姐"背后的推手团队显露庐山真面目，从目前越来越多的网络文化与商业合谋的现象当中，我们可以看到典型的商业利益在驱使。这种情况并非网络空间中独有，商业时代中的文化活动和文化产品都或多或少带有这样的痕迹，例如商业电影"造星"运动、畅销书的推广、流行音乐的炒作等，只不过在网络中这种现象更易操作也更为多见而已。除了商业动机的因素外，人们面对现代社会中精神压力所萌发的一种渴求彻底放松和宣泄的心理，也是网民对低俗趣味大力追捧的原因之一。

造成网络文化产品粗鄙化的原因多种多样，因此要解决这一问题也并非朝夕之间能够实现，而且必须依赖于整个社会文化氛围和文化土壤的净化。就网络文化自身建设而言，提升文化产品的品位，除了本书第四章中提到的用"先进技术传播先进文化"之外，还需要着重从弘扬传统文化和净化大众文化这两个方面入手。

1. 以优秀的传统文化滋养网络文化

博大精深的中华文化是网络文化的重要源泉，发展中国特色的网络文化，必须立足于中华文化这片沃土，处理好古今中外的关系，在继承的基础上创新，在借鉴外来文明的基础上提高。

目前，Internet 上中文信息的注入速度和以中文为母语的冲浪者日益增长。不管上网者多么精通外语和西方文化，只要他的网络用语为中文，他本人是华人或他的发布对象为华人，这就注定了此网络具有的中国传统文化形式。中文、汉字本身具有的文化意义，以及充斥于网页中的艺术字，无形中使网络具有了传统意蕴。为适应中文网站的搜索，各种网上中文搜索引擎相继问世，著名的有百度、雅虎、搜狐、新浪等，它们从制作理念到查询结果都力求适应中国人和海外华人的阅读习惯与审美需求。

众多关于中国书法、古典诗词、中国画、陶瓷、武术、戏曲、儒释道宗教等网站、网页的设计形式直接揭示了中国传统文化，打开相应网站，仿佛置身于古典的氛围中。"榕树下"、"起点中文网"等具有浓郁中国古典特色的网站已成为古典文学爱好者的聚集区，搜狐等知名网站大多辟有文学论坛和读书频道，刊出诗词歌赋、小说戏剧、历史图片、文章典籍。网易多款自主研发游戏均采用中国历史为背景，结合中医、诗词、礼教等传统文化元素，寓教于乐。各个旅游网站、各地政府网站和其他各种网站、网页不仅提供了全面详尽的中国旅游资讯及网上服务，而且把中国人文景观和风土人情展示得淋漓尽致。

对于历史上积累下来的浩如烟海的文化信息，人类采取了各种各样的方法予以保存、管理和传承。资源共享与数据传输功能正是互联网的一大优势所在，通过网络搜寻、获取信息比传统媒介更为方便快捷。今后，我们还需要继续推动优秀传统文化瑰宝和当代文化精品的数字化、网络化传播，推动网上图书馆、网上博物馆、网上展览馆、网上剧场建设，形成丰富多彩的网络精神家园。

2. 以优质的大众文化守护网络文化

网络文化与大众文化彼此交错，相互融合。一方面，大众文化借助网络推动全面崛起；另一方面，网络文化借助大众文化的通俗明快、开放自主的特性而遍地开花。只有大众文化得到充分的净化，网络文化才可能走向通俗而不低俗、朴实而不粗鄙、真诚而不卑劣。

开始只有少数精英分子才能享用的网络，已经"飞入寻常百姓家"，大众和文化精英之间的鸿沟逐渐缩小。文化的繁荣，意味着它必然要走出书斋，走出象牙塔，走向社会，走向大众，满足人民群众日益增长的多层次的精神需求，这是社会的一大进步，这就是"文化大众化"。但是，从大众文化和网络文化的商业运营情况来看，网络上的大众文化生产同样也摆脱不了市场规律的制约，文化生产商虽然强调个性，但其所要求的个性是能够成为商品的个性，最终目的仍是追逐高额利润。因此，文化产品只能是"城头变幻大王旗"，而大众明星们也只能是"各领风骚数个月"，文化生产商们只能极尽炒作渲染之能事来吸引受众的眼球。从大众文化和网络文化共同的思潮来源看，兴起于 20 世纪五六十年代美国的后现代主义文化运动产生了全球性的广泛影响。具有"无主题、无中心、没有权威、个体自主、动态的联系、全方位、多元化、语言文字游戏"等特点的后现代主义文化，虽然具有一定的理想价值，但它反映在网络文化中却表现出种种混乱和无序：多元价值混乱、道德行为失序、无政府主义，过度追求物质消费、过度追求快乐享受，迷恋快感、享受刺激、崇拜自我①……面对日益泛滥的貌似大众化实则品位低俗、毫无养分的网络文化垃圾，大众可能会陷入信息的漩涡无法自拔，成为"信息疾病"的受害者。这就更需要宣传文化单位把提高网络文化产品质量作为关键，抵制庸俗的网络大众文化，过滤制止含有攻击党和政府的领导、破坏民族团结、宣传封建迷信、传播色情和教唆犯罪等内容的信息，净化大众文化在网络上的生长空间。

网络文化是现有文化的爆炸和重组，诸如"3166"（谐音"撒由那拉"，即日文中"再见"的意思）、"斑竹"（谐音"版主"，即论坛的管理人员）、"OIC"（"Oh，I see"的缩写）之类的诙谐简略的网语，

---

① 朱银端：《网络道德教育》，社会科学文献出版社 2007 年版，第 120 页。

是大众文化中流行语的网络再造；网上学校、网上社区、网上理财、网络杂志、网络音乐、网络游戏、虚拟旅游等时尚的生活方式，都是大众文化中求知求学、社会交往、投资理财、休闲娱乐等热点领域的网络再现。以大众中广泛流行的文化载体——杂志为例，网络杂志添加了纸质杂志不具备的动画、音乐、声效等精彩效果，体验到前所未有的互动感受，网上阅读政治、经济与时尚类的杂志已成为都市人的阅读趋势。然而，一拥而上的网络杂志大多在服务性的软内容上打转，除了化妆服饰、汽车家居、健康饮食、娱乐体育等有限的题材外乏善可陈，且严重同质化。若要实现可持续发展，就必须在"可看性"的基础上增强"可读性"，毕竟横空出世的网络杂志只是改变了阅读的形式，而没有改变阅读的本质，形式的绚丽固然重要，内容的优质、原创、健康、有益更是对受众的最大吸引力所在。随着跑马圈地扩张阶段的结束，网络杂志将逐渐步入理性发展阶段，提升杂志内涵、拓展原创性和思想深度、打造品牌栏目，是其走向未来主流媒介的必经之路，也是其作为大众文化的新媒介真正走进人们心灵、融入人们生活的必经之路。①

（二）拒绝复制，网络文化内容贵在原创

当前网络文化以即时性、消费性为主，批判性、创新性、个性化的文化精品还不多，同质化现象非常严重，高水平的原创能力明显不足。具有一定腐蚀性的消费型文化的泛滥，自主创新的生产型文化的萎缩，使网络文化的发展面临危机。

在一个电子复制的"信息时代"，创新更显弥足珍贵，创新是任何一种文化，包括主流文化和民族文化生存发展的命脉所系，也是中国特色网络文化建设的必由之路。打造公共文化服务的新平台和人们健康精神文化生活的新空间，为大众提供更多更好的先进网络文化产品和服

① 苏振芳：《网络文化研究——互联网与青年社会化》，社会科学文献出版社2007年版，第206～207页

务，就需要深入研究网络文化创作、生产、传播、消费的特点和规律，增强网络文化原创能力，大力生产体现和谐精神、讴歌真善美的健康网络文化产品。应鼓励作家、艺术家投身于网络文化建设，创作更多格调高雅、内容健康、网民喜闻乐见的网络文化产品。应注意保护网民的创作热情，激发他们的创造潜力，引导他们为繁荣发展网络文化贡献力量。

努力保持自身文化特色，也是体现原创能力的一个重要方面。文化或文明的冲突是当今世界的重要特征，全球化的互联网不仅加剧了这种冲突，而且使它获得了新的表现形式。如何应对强势文化的渗透、侵略，以保持中华文化的个性和特色，是一个现实的极具挑战性的课题。在网络文化建设中，必须正确处理全球化、普遍化与"民族化"、"个性化"的关系。一方面必须加强全球文化交往，汲取人类一切文化精华发展自己；另一方面必须反对形形色色的文化中心主义、文化霸权主义，努力保持、创造自己文化的特色，为网络文化的生态平衡作出贡献。

（三）避免短板，网络文化生产齐头并进

作为网络文化产品的生产方，知名商业网站的主动性创造性不可或缺，要引导他们健全管理制度，依法诚信经营，多提供健康网络文化产品，在繁荣发展网络文化中发挥建设性作用。培育一批有影响的专业文化类网站。要大力培育教育、科学、文化艺术网站，把握正确导向，发挥优势、办出特色，发挥其传播相关文化知识，满足特色需求的作用。

同时，还应整合现有文化资源，发挥图书馆、博物馆、文化馆等公共文化服务机构的作用，利用社区乡镇文化活动中心等基层文化设施，加快互联网公共信息服务点建设，着力构建面向广大群众的网络公共文化服务平台。实施好全国文化信息资源共享、中国数字图书馆、国家知识资源数据库等网络文化工程。

网络文化产业是网络文化的重要支撑，网络文化产业发展了，网络文化才能出新出彩，发展繁荣。根据中国的实际，要把推动民族网络影视产业、网络出版产业、网络娱乐产业作为网络文化产业的发展重点，加快传统文化产业与网络文化产业的融合，努力在扩大市场规模、完善产业链条、形成产业优势等方面取得新的进展。通过推动网络文化创意产业园区、动漫网络游戏产业基地建设，提高网络文化产业的规模化、集约化、专业化水平。培育具有特色和核心竞争力的国有网络文化市场主体，支持有实力的网络文化企业跨地区、跨行业经营和开拓国际市场。

因势利导：有效引导和处理网络舆论热点

互联网作为信息自由共享的平台，使其很容易成为极具影响力的舆论阵地，一有重大的、突发性的事件发生，越来越多的人会立即上网了解更多的详情，这样，网络舆论对整个社会舆论的形成就起着越来越重要的作用。

网络中集结的矛盾，往往也是社会转型期间的各阶层的矛盾，网络已经在一定程度上充当了社会发展的风向标。只要中国互联网对社会开放，网下的社会问题就会反映到网上，广大网民的各种言论就有渠道和手段在网上出现。只要中国互联网对外开放，境外的有害信息就有渠道和手段在网上出现。如何有效掌控网上舆论，如何应对网上热点话题，如何处置网上突发事件，做好对社会思潮、社会热点以及各种文化现象的引导，是加强网络文化建设和管理的一个重要内容。

（一）网络舆论的力量不容小觑

互联网作为人类为自己开拓的另一个社会交往空间和文明发展平台，最大的特点之一就是全民的广泛参与。美国学者尼葛洛庞帝说：

"在网络上，每个人都可以是一个没有执照的电视台。"① 美国芝加哥大学教授凯斯·桑斯坦称人们对网络内容的自由选择是创办一份"我的日报"。②

"一个网帖让'天价烟局长'周久耕锒铛入狱；一个网帖让武汉经济适用房'六连号事件'中造假公职人员被查处；一个网帖捅破了河北邯郸'特权车'这个久治不愈的脓包；一个网帖踢开了内蒙古阿荣旗人民检察院检察长刘丽洁的'豪车门'……"。新华社在回望2009年网络反腐的成就时，这样历数着大小"网事"。当然，这个单子还可以列得更长。这些最早由网络上所展示出的线索，最终都转化成了传统媒体的报道，成为线上线下人们关注和议论的舆论热点。一方面，传统媒体的介入，对网帖进行了大量的求证、追踪、深度挖掘工作，才最终推动了事件的发展和问题的解决；另一方面，传统媒体的独家首发报道，因被网络广泛转载而影响力"放大"，同样形成强大的舆论压力，促使制度变革或具体问题的解决。

网络时代，网络舆论的巨大力量日益鲜明地展现出来。一些网络上的个体发言，通过富有创意的推送、评论、跟帖、置顶，乃至专业营销团队没日没夜的运作，成为了真正意义上的"热点"——这已是每天都在中国大地上发生的事情。网络舆论在几年之内，迅速突破内参等重要信息在政府系统内流动的传统模式，成为真实影响从中央到地方政府决策的重要力量——一个佐证是，现在从上面下到县市，都专门成立了摘录网络新闻和言论、反映网络舆情的机构，每天分门别类整理各种网络言论和新闻，逐级上报。③ 2012年中国共产党第十八次全国代表大会召开前后，与之有关的话题成为网络舆论热点，不仅有网络媒体主动邀请

---

① ［美］尼葛洛庞帝著：《数字化生存》，胡泳等译，海南出版社1996年版，第205页。

② ［美］凯斯·桑斯坦著：《网络共和国——网络社会中的民主问题》，黄维明译，上海人民出版社2003年版，第1页。转引自杨雄，毛翔宇：《网络时代行为与社会管理》，上海社会科学院出版社2007年版，第12页。

③ 王长春："互联网对传统治理模式的影响"，发表于《第一财经日报》，2010年3月17日。

网友参与互动讨论,不少网友也通过跟评、论坛、微博等渠道主动发声,特别是在民主政治、反腐倡廉、社会民生等话题方面进行了热烈讨论并受到各界关注。

然而,网络上无节制的话语狂欢,确实也有其沉重的弊端。这不仅表现在一个词,一句话,在层层流转过程中会被重组,切割得支离破碎,也表现在充满张力和创意的互联网语言对民众一些基本权利的肆无忌惮的侵犯。一些负面热点事件的传播,借助互联网可能在短时间内形成广泛的社会影响,既给当事者、主管单位和党政机关造成很大的舆论压力,又使个人形象、组织形象和地方形象受损。网络对现实生活中的问题可产生高倍"放大器"和快速"传播器"的作用。处置得当,平安无事;处置不当,酿成事端,影响稳定。

由此可见,互联网作为开放式信息储存和传播空间,在海量信息所汇流的舆论大潮中,由于不同人群利益诉求的差异,网上舆论热点在总体反映公众关注的同时,也存在着由各种网络推手或炒手出于某种利益需要而制造的网络热点,并不能真实反映大多数人的共同关注和普遍诉求。同时,交互式的互联网使每个人都成为广义上的信息传播者和舆论制造者,网上个体的参与虽然提高了传播的有效性,但个体的网上行为在缺乏有效监督的条件下,实现道德自觉是一个渐进过程,必然同时存在因个体差异、观点分歧、利益膨胀等因素甚至是破坏、犯罪所导致的舆论无序和混乱,客观上需要有组织地强化舆论引导,形成网上主流舆论。因而,在网络舆论存在各种无序因素的客观情况下,我们要把握网络舆论热点形成的基本规律,有主题、有计划、有目标地组织互联网舆论的有效引导,努力提高引导水平。

(二)网络舆论热点的生长有规律可循

海量的网络言论中不乏具有建设性的看法和观点,甚至对有关部门的决策和施政产生了积极影响。但是,正如每个硬币都有两面一样,由数百条到上万条有主观意识的人的观点所形成的网络舆情更是充满着复杂性与多面性，虚虚实实，情绪化表现突出。

当前，中国经济社会发展正处于关键时期，社会利益关系更趋多样、复杂，各种深层次矛盾和问题日益凸显。在这样的条件下，网络舆情热点层出不穷，涉及的地域非常宽广，涉及的领域也非常广泛。无论是国内重大事件，还是国际重大事件，无论是群众关心的热点难点问题，还是各种政治观点和社会思潮，无论是网民对重要部署、重大决策、突发事件的思想反映，还是关于政治、经济、社会、文化发展的舆论动向，一经网络传播，就会立即引起网民关注，形成网络舆情热点。据对福建网民"平常更关心的社会公共事件"调研数据的分析，排在前几位的分别为：重大社会灾害事件（77.7%）、住房医疗等民生问题（69.4%）、社会不公平现象（56.6%）、金融危机的影响（521%）、国家安全和国际地位（47.9%）、腐败现象（39.7%）、强势人群霸道行为（39.3%），当前舆情监控应重点加强对以上主题事件的跟踪分析和预警。

有关调研发现，网络舆论主体构成复杂，不同舆论主体出于不同动机下的网络言论，不但不能代表民意，且在不同程度上冲击着正常网络舆论秩序。

一类是普通网民，其特点是缺乏鉴别，易被煽动利用。一方面，网民群体低龄、低学历化特征明显，对网络信息、特别是虚假信息的鉴别能力有限。根据 CNNIC 的调查，2008 年年底全国 30 岁以下网民占总体 67.1%、高中或中专及以下学历的占 72.8%。同时，有网络舆论行为群体的低龄化特征也较明显：以福建网民为例，"25 岁及以下"网民中，最近两年有发帖或跟过帖的人占 73.7%，而随着年龄上升，有发表言论的比例逐步降低。另一方面，网民对网络信息的鉴别方式有限。调查显示，网民即使对某些信息有所怀疑，求证方式并不可靠：74.5% 的人上网查看他人评价或寻找相关资料做佐证；60.8% 的人根据自己的直觉进行逻辑分析和判断；只有 36.3% 的人会通过政府官方网站了解相关信息。

另一类是意见领袖，他们影响力大，推动网络舆论发展。在网络舆论事件的发展过程中，大部分人是跟帖，发帖引领讨论的只是少数意见领袖。这些意见领袖一般关心时事，持代表性观点，有强烈表达自己的愿望和冲动，且善于表达自己，同时组织能力强，往往在关键的时候把要沉下去的帖子顶起来，带动问题继续讨论。如厦门 PX 项目事件，网友"连岳"对事件的进展起到了关键的推动作用。该事件始于 2007 年 3 月连岳题为《厦门自杀》的博文，并通过一系列评论：《公共不会有安全》、《保护不了环境的环保官员》、《全国政协委员算老几?》等对 PX 项目危害进行网络炮轰，形成全国关注的热点，直接影响到政府决策。

还有一类主体是网络公关公司，奉行利益至上原则，搅乱网络舆论秩序。各种网络公关、网络营销公司在利益的追逐下，不但对企业进行危机公关，制造并炒作不实信息，还操控公共事件，制造焦点事件、搅乱网络舆论秩序。一些网络舆情热点问题看似是所有人共同关注的焦点，但实际上可能只是个别人操纵、炒作的结果。如网上曝光的贾君鹏事件充分体现了网络公关公司的能量：2009 年 7 月 16 日，题为"贾君鹏你妈妈喊你回家吃饭"的网帖莫名蹿红，事后某传媒公关公司自称是该事件制造者，目的是帮助一款游戏保持关注度和人气。

另外，网络舆论主体中还混杂着分裂势力等不法组织，进行恶意破坏，威胁社会稳定。随着国际政治经济形势的复杂多变，西方反华势力、分裂组织等利用网络的开放性，进行舆论渗透和文化入侵，使网络意识形态领域的斗争变得日益复杂。如"台独"、"藏独"、"疆独"、"法轮功"等不法分子组织都将网络视为反华渠道，建立网站和专门机构，雇用网络写手，传播虚假信息，散布反动言论，对社会热点难点和敏感新闻进行炒作，恶毒攻击中国政治制度、歪曲领导人形象、抹杀社会主义建设成就，恶意破坏社会秩序，威胁社会稳定。

从网络舆论热点的内容重心及其传播来分析，通常具有以下几个特点。

1. 网络舆论热点事件的客体指向以所谓"公权力"或政府官员居多

政府组织或官员是舆论客体的主要对象，以基层政府、城管、警方违法行政、野蛮执法、亏待百姓等为对象的网民诉求不断，甚至经常上升为群体性事件。社会资源弱势的网民，往往因一件小事，甚至是不实的传闻，引起强烈的对立情绪，不但影响干群关系，而且使政府公信力受到严重挑战，政府在网络舆论中俨然成为弱势。官民、干群信息的不对称，增加了人们的猜疑，使不信任、对立情绪升级。例如闽清严晓玲案中，网民热议"严晓玲被有黑社会背景的人轮奸致死"，群情激愤，福州市公安局于 2009 年 6 月 24 日紧急召开新闻发布会，公开审查结果为宫外孕死亡。网民并不信任，并对警方执法公正性提出质疑，真相被情绪化地排斥在外。2009 年 9 月，福州警方以制造谣言拘留了范燕琼等网络写手，网民的不信任仍在发酵，并发起了新一轮"警方与'凶手'有勾结"的声讨，政府公信力受到严重挑战。①

2. 网络舆论的情绪倾向中持批判、否定、嘲讽态度占较大比重

造成网络舆论内容批判性的原因是多方面的，舆论主体的鉴别能力低下不容忽视。低龄、低学历化的舆论主体，在负面消息的刺激下更为感性、冲动，成为人数众多的"愤青"，盲目跟风批判。福建网民针对公共事件发帖的原因中②，感性和冲动的因素占了较大比重，47.6% 的人是因为"看到某些帖子，义愤填膺"；93.1% 的福建网民在发表言论前会有不同程度的怀疑事件真实性；只有 50% 的网友会在

---

① ② 刘艳飞："互联网新时代下网络舆论现状及引导对策——以福建为例"，载于《世纪桥》，2010 年第 5 期。

回应前求证事情的真相，且求证的方式局限于上网查看他人评价或寻找相关资料做佐证、根据自己的直觉进行逻辑分析和判断等并不可靠的方式。例如"闽清严晓玲案"中，题为"闽清'严晓玲'比巴东'邓玉娇'悲惨一万倍"的帖子，经19万次转载，引来众多愤怒的评论，经调查却是网络写手范燕琼等仅根据严晓玲母亲口述、在未经核实情况下自行加以逻辑编辑和处理的结果，事后范燕琼表示当时没有对事实进行必要的核实，自己"很感性"。而正是这样一篇充满感性和随意的网帖，放大了网民的感性、冲动，迎合了网民对负面事件发泄批判的需要。

3. 网络舆论传播速度快，影响面广

突发事件一经发生，一般2~3个小时可在网上出现，6小时后可被多家网站转载，24小时后在网上的跟帖和讨论就可以达到高潮。这种快速传播对网络舆论引导的反应速度和能力提出了更高的要求。同时，网络信息的传播也遵循池塘效应，即网络信息的快速传播有一个临界点，在信息扩散的"临界点"之前，网络信息传播的范围是有限的，而一旦越过这个临界点，出现在近1/4的网站新闻和论坛之后，在剩下的时间里就可能出现几何级数增长的爆炸式效果。网络信息在出现到临界点之前的时间可称为发酵期，在发酵期内介入引导将起到事半功倍的效果。

4. 网络舆论与传统媒体互动

网络时代媒体力量的展现，依然有赖于媒体独立而深入的采访和调查。考察由网帖揭露的问题从曝光到查处的过程中，可以发现一条这样的"路线图"：网民发帖—网友顶帖—媒体介入—形成第二次热点—有关部门介入—事情得到处理。在这个过程中，传统媒体与网络相互激荡，相互影响，传统媒体通过网络开掘报道层面和深度，而网络则借由传统媒体的影响力和公信力进行更有效的传播。为了应对网络时代的冲击，传统媒体也在报道形态上作出了改变，纷纷创办了诸如"网事"等

线索全部来自于网上的版面，力图缩短发帖与报道之间的时间间隔，以吸引舆论的关注，并推动事件迅速成为社会热点。这类报道的基本操作手法是，一旦在网络上发现值得挖掘的新闻线索，即立刻通过电话和网络采访的形式进行求证，成稿时则大量引用网帖。这种报道形态，使传统媒体的新闻时效性更为彰显，但在新闻事实的核实上手法却有些简单，因此有时候并不能体现传统媒体的力量。[①]

总的来看，网络舆论热点形成的要素通常包括这样几个方面：现实社会中有具体事件；此事件容易激发深层次社会矛盾；有传统媒体介入；有商业网站推波助澜；事发地政府反映不及时；网上"意见领袖"定调。从其形成和传播的规律来看，有这样几个规律：互动性规律、权威性规律、非线性规律、对立效应规律、突变规律。即网上网下、网络与传统媒体互动，"意见领袖"定调归纳总结，发展过程忽高忽低，网上争论对立，从小事件到大事件，发生突变。

（三）让网络舆论拥抱阳光

在公开透明的环境下，谁掌握了发布信息的主动权，谁就掌握了舆论导向的主动权。突发事件发生时，民众和媒体同样渴望了解事情真相，赶在第一时间发布信息，就能够起到引导舆论的作用，就能够减少猜测和谣言。一方面，通过网络回应澄清事实真相，消除不实传言，正确引导舆论走向；另一方面要结合现实问题的查处，将过程与结果公开，主动接受网络媒体的监督，实现舆论与现实的统一与和谐。在新的时代条件下，我们需要以新的视角看待网络舆论，不仅将其看成是广大网民向党和政府表达利益诉求的重要方式，而且将其看成是党和政府了解社情民意的新渠道，从而准确把握网络舆论发展趋势，及时掌握网络舆论动态，积极应对网络舆论突发事件。

---

① "网络时代的媒体力量来源"，发表于《中国青年报》，2009 年 12 月 28 日。

让网络舆论拥抱阳光，既是指在网络舆论的引导方向上，要摒弃阴暗、卑劣、不健康、不真实的倾向，倡导积极向上、健康阳光的导向，同时也是指在网络舆论的引导方式上，要避免封堵、搪塞、简单粗暴，力争公开透明、坦率真诚、规范合理地进行处置。

研判网络舆论走势，宜"早"不宜"迟"。网上舆论包罗万象、纷繁复杂，任何一件小事都可能成为舆论热点，并在网民各种观点的交锋中朝着无数可能的方向发展。只有加强舆情监控，才能有重点、有针对性地进行引导。因此，有必要引进互联网舆情管理系统，设置关键词、采集信息进行数据挖掘，判断网络舆情，一旦发现危险舆论苗头，及时加以正面引导，使其消失在发酵期。在此基础上建立及时、准确、全面的互联网舆情的报告制度，将网上所反映出的社会问题、热点事件、网民情绪、公众意见等快速报告给各级党委和政府的领导者，以便决策者采取相应措施，以维护和营造网上良好的信息传播环境。政府应本着公共利益原则，以事实为依据，以法律为准绳，以建设社会主义核心价值体系为导向，重视网络舆情，积极回应网上舆论诉求，并为网络监督提供科学合理、健康发展的制度空间，进一步促进公共权力的阳光运行，保障公众权益的充分实现。

预防网络舆情危机，宜"先"不宜"后"。互联网作为一个高度开放和充分交互的信息平台，信息的传播与扩散十分迅速，使网络舆论的生成、发展和演进过程呈现出快速、复杂、多变等一系列具有高度不确定性的特征。为此，必须建立相关的互联网舆情处置预案，在日常网上舆情分析的基础上，未雨绸缪，事先对可能出现的情况加以判断和预设，并做好相应的处置与引导方案。建立网络新闻发言人制度，就群众所关心的问题定期或不定期地举行发布会。这样做一方面可以进一步强化对互联网的宣传运用，主动向网上发布权威信息和主导观点，加大日常网上宣传力度；另一方面在突然出现的网络负面事件和网络舆论危机面前，可以坦诚、从容地加以应对，根据预案及时采取措施回应网上舆论诉求, 引导网络舆论朝着客观、理性、全面的方向发展, 变舆论压力为工作动力, 进而化解危机, 修复形象, 更好地为公众服务。

引导网络舆论话语, 宜"快"不宜"拖"。加强网络舆论热点的引导, 必须主动及时, 主动出击、主动引导, 力争在第一时间发布信息, 第一时间抢到话语权。比如, 新闻事件发生后, 不能等到有了最终结果再报道, 而应在坚持真实性的前提下, 第一时间发布权威信息, 第一时间作出客观评论, 用真实的声音防止各种谣言的传播, 用正确的导向消除各种杂音和噪音的干扰。① 特别是, 网络舆论客体以政府组织或官员为主, 易激化干群矛盾, 严重影响政府形象和公信力, 这更需要政府有意识地转变自身在网络舆论中的弱势地位, 在话语权面前增强竞争意识, 把握时机、先声夺人。

面对网络舆论热点, 宜"疏"不宜"堵"。若想营造积极、健康、向上的主流舆论, 就需要用正面宣传挤压各种噪音杂音的生存空间, 用正面声音消解各种错误、反动观点的不良影响。在现实生活中, 有的地方和部门对网上热议的负面问题往往采取"堵"的办法。然而, 在网络信息传播异常快捷的时代, 这样的做法往往导致丢掉舆论引导的主动权。网络是一个新的舆论阵地, 正确的舆论不去占领, 错误的舆论就会充斥其中。只有直面矛盾和问题, 及时发布正确信息, 及时披露事情真相, 及时加强舆论引导, 才能取信于民。在把关中, 切忌简单粗暴地删帖, 要注重运用动之以情、晓之以理的引导艺术, 使网民产生理性和情感上的认同与共鸣。在网络沟通过程中, 还要注意使用网络通行的语言, 以坦率和真诚赢得网民的信任和理解。

占领网络媒体阵地, 宜争取不宜放弃。互联网媒体由于设立门槛低、网络服务器租用方便, 社会各种组织包括个体都可能根据自己的需要建立网站或网页, 并获得相应的网上信息管理权限, 对互联网信息起

---

① 张为易: "加强引导完善机制 构建和谐的网络舆论环境", 发表于《人民日报》, 2010 年 5 月 11 日。

到传播者和把关人的作用。虽然网站和网页数量巨大，并承载着海量信息，但人们的注意力资源是有限的，大多数人常常将有限的注意力投放到重点新闻网站、商业门户网站和大型社区网站上，同时根据自己的信息需要和浏览习惯集中于少数网站，并通过搜索网站选择对自身有价值的信息。在网络信源超过人们信息接受能力的条件下，只有进入到人们普遍关注的相关网络议程才能发展为网上舆论热点。因此，强化互联网媒体的沟通协调，特别是传播影响力大的网站协调，通过加强供给和传播把关，一方面有助于控制和防范各种失实信息、有害信息等恶意传播所造成的社会不良影响；另一方面也为网上负面事件处置提供更为有效的信息传播平台和舆论引导阵地。当网络上出现海量的信息时，一般公众往往会无所适从，这时候，他们更需要权威的舆论引领员的声音作为自身决策的重要依据。通过舆论引领员来引导网络舆论，在相应的网站论坛上主动发有一定深度的正面贴文，并针对网上负面贴文进行跟帖，可以主动引导网上舆论，在网上澄清事实、释疑解惑，消除负面影响。

处置网络舆情事件，宜规范不宜随意。互联网舆情处置工作是一项政治性、政策性和方法性都很强的工作，决不能简单地从主观愿望和局部利益出发，加以封堵、搪塞、推卸，更不能以虚假信息糊弄网民，而是要立足于事实，采取回应、疏导、说理的方法，坦诚地面对网络舆论的曝光、质疑和批评，赢得网络民意的尊重、信任、理解和支持，引发积极的舆论共鸣和社会共识。互联网舆情的处置流程大致可以分为八个步骤：一是监控发现舆情，通过常设机构或从其他渠道获取线索；二是成立处置小组，视事件性质和影响范围，成立不同层面的处置工作组；三是掌握客观事实，通过充分了解准确信息，形成权威信源；四是分析舆论走势，分析网上传播诉求，判断其发展走向；五是提出处置方案，并与上级主管部门沟通，与首发媒体协调，提供反馈信息；六是组织舆论传播，通过组织新闻发布、新闻评论，或开展新闻行动等方式，形成网上舆论主流；七是评价处置效果，连续跟踪网上舆情变化，适时调整网上传播策略，进一步完善和优化工作方案；八是进行案例总结，待舆论常态化后，总结处置经验，吸取教训，不断提高网络负面事件处理能力和网上舆论引导水平。

④ 生成网络文化软实力：向世界展现精彩中国

风靡全球的互联网把不同国家、种族和地区连接起来，使人产生"四海之内皆近邻"之感。在"地球村"生活的人们在接受外来文化的同时，也将自己的文化展示给世界，在保存和发展民族文化的同时，也对世界文化的发展积极发挥作用。网络是世界了解中国传统与现代文化的窗口，也为中国民族文化与世界文化的对话提供了一个阵地。在走进新世纪第二个十年之际，在面向世界的网络文化舞台上，用心打造一大批具有中国风格、中国气派，体现时代特征的网络文化品牌，已成为当下刻不容缓的历史任务。

（一）网络之舟承载起文化软实力

美国学者约瑟夫·奈于1990年提出了软实力思想，他认为，一个国家的实力由文化、价值观、对外政策等组成的软实力和由军事、经济实力组成的硬实力两个部分组成，在当今世界，软实力显示出越来越重要的作用，21世纪的力量将依赖于有形的硬实力和无形的软实力这两种力量的结合。

在软实力诸多因素中，文化发挥着越来越重要的作用。"国民之魂，文以化之；国家之神，文以铸之。"文化是民族的血脉和灵魂，是国家发展、民族振兴的重要支撑，特别是当今时代，文化越来越成为民族凝聚力和创造力的重要源泉，在综合国力竞争中的作用越加凸显。一方面，文化实力本身就是综合国力的重要内容；另一方面，文化与经济、政治相互交融的程度日益加深，经济的文化含量日益提高，文化的经济功能越来越强，文化已经成为国家核心竞争力的重要因素。从美国文化几乎走进了世界的每一个角落，到法国复兴法语文化的国际地位，从美国"三片"（薯片、大片和芯片）在全世界大行其道，到以动漫、游戏、设计为代表的日本"酷文化"风靡全球，韩国抢先申请端午节文化遗产保护并成功注册端午节.CN的域名，各国的实践无一不昭示着实施对外文化输出所带来的积极效果。因此，扩大文化国际影响、注重文化传播与文化交流是增强本国文化软实力的重要手段。正是科学把握当今时代发展趋势和中国文化发展方位，党的十七大提出了"提高国家文化软实力"的重大命题。

网络文化作为一个时代文化的最新展示平台，已成为世界不同文化的交流对话场所，它使得不同群体文化系统（国家、民族的意识形态，价值取向，道德观念等）对立性和交互渗透性更加突出，也因全球各个国家社会经济发展阶段的不平衡、社会文明的差异而显现出纷繁复杂的格局。作为文化传播重要载体之一的互联网，在国家文化软实力建设中扮演着越来越关键的角色。从传播学的角度来说，对同一文化理念长时间、多频次的传递与接受，会使受众无形中自然对其产生亲近感、信任感，最终对其认同、甚至是依赖。通过网络长时期高强度地传递文化信息，将不可抗拒地影响受众的相关感受和价值判断。一个国家媒体在国际传播秩序中的地位，在很大程度上决定了它在国际上的影响力。因此，有效利用网络媒体解读国家大政方针，塑造国民精神品格，提高国民的文化素质，是提升国家文化软实力的一个重要途径。

当前，虽然国际交往日趋频繁，但是大量国外民众对中国还是存在认知差异和认识偏差。国外的一些媒体因为立场和观念的原因，在报道中国的时候，有的不是很完整，有的是片面甚至歪曲的。为此，一个最好的办法就是通过互联网的渠道，把一个完整客观全面的中国展现给世人。由于东西方的表达方式有差异，即便语言翻译得无懈可击，国外网民仍然会存在不能理解的问题，这就需要用一种很平和讲故事交流对话的方式，小中见大，通过事例来谈，这样才能打动人心，增强网络媒体对外传播的效果和亲和力。例如，国际在线以 43 种语言传递中国的信息，在对外宣传方面，把握"传播、沟通、合作"的六字原则，比较注重国外网民的需求。

一个不容回避的现实是，在网络世界当中，中国与西方国家力量之对比处于"西强我弱"的状况，中国在网络舆论宣传导向的把握上，总体处于守势。中国要改变被动地位，就必须把信息网络的发展和"信息疆域"的拓展同步考虑，充分发挥各部门、各行业、各网站优势，结合"政府上网工程"，建立具有中国特色的网上宣传体系。[①] 具体包括：加快建立中文界面的宣传网络系统，创办和统筹规划新闻、外宣、理论、文化、教育等网站，扩充网络宣传内容，扩大综合社会服务功能，提高网络宣传艺术，让主流文化在中文网络上发出声音并进而占据主导地位。我们要善于利用互联网的影响力和穿透力，传播中国特色社会主义的文化，展示社会主义中国的建设成就，抨击别有用心者对中国的诋毁、攻击，澄清重大事件的是非曲直。为广大人民提供信息与网络公共服务，充分利用技术、市场、全球化三大推动力量，促进网络经济与信息产业的发展。加速网络教育的发展进程，加速政府管理与公共机构服务的网络化进程。

自 2003 年起，文化部联合相关部委联合主办中国国际网络文化博览会，以期引导中国数字产业及周边产业的发展，同时建立一个向世界展示中国的产品、世界向中国展示优秀产品的重要场合。一方面，为国内产业界、政府和国际投资者提供交流的平台，吸引外资进入中国网络文化产业；另一方面，通过加强与周边领域的合作，挖掘网络文化产业的深刻价值，以此推动中国网络文化产业与国际接轨。截至 2009 年，

---

① 苏振芳主编：《网络文化研究——互联网与青年社会化》，社会科学文献出版社 2007 年，第 433～434 页。

中国国际网络文化博览会已成功地举办了七届，不断在以往的基础上增加了更多更有价值的网络文化内容，进一步提高了网络文化内涵，将互联网应用的方方面面展现在大众面前，同时也发展成为各大厂商必不可缺的一个充分参与、充分展示的产业平台，现已成为中国最高规格、最大规模、最具影响力的网络文化产业盛会。

和平发展的中国正在吸引着世界越来越多的目光，世界对中国信息的需求也越来越多，这为网络媒体对外传播中国提供了良好的历史机遇。发挥自身优势，树立中国良好国际形象，不断提升国家文化软实力，是时代赋予中国网络媒体的使命和责任。因此，我们应该充分利用互联网提供的技术和便利，抓住网络提供的有利时机，多角度、多渠道地将其发展为传播我们中华传统文化和社会主义先进文化的重要载体，让世界更加了解中国，以网络文化影响未来。

（二）网络文化观的中国特色和中国气派

中华民族是一个拥有五千年悠久历史的古老民族，以其灿烂多姿的文化为世界文化宝库增添了一大批无价瑰宝。中华文化既继承了独具特色的传统文化的精髓，又不断吸收、容纳了发展过程中层出不穷的新文化，特别是当代中国，处处闪耀着社会主义先进文化的光辉。随着网络技术的日益普及，中华民族正成为世界上入网用户数量最为庞大的群体之一，汉语也将成为国际互联网上最响亮的声音之一。

——独具神韵的民族特质。作为以共同的地区和血缘关系为基础的不同的民族共同体，各有自己不同的文化。面对西方网络文化的大举入侵和不断渗透，我们走上具有中国特色的网络文化发展之路，一个重要源泉便是博大精深的中华文化，这是一块响当当的网络文化品牌，有利于推动网络文化发挥滋润心灵、陶冶情操、愉悦身心的作用。因此，依托民族传统文化优势资源，积极创建高质量的中文网站，使中国特色网络文化具有鲜明的文化个性，强大的文化亲和力、凝聚力，不断提高中文网络文化的普及程度，努力拓展中国信息的辐射空间，增强中国网络文化的内外影响力，增强中华民族的自尊心、自信心，这已经成为现时期中国网络文化建设和管理领域的重要任务。除了传统文化中多姿多彩的文化样式外，传统文化精神中的"崇德尚义"，也是给养网络文明发展的一个重要来源。传统文化倡导"仁者爱人""己所不欲，勿施于人""以德为本""待人以诚"等，这种文化内涵所滋养的道德观、价值观，所崇尚的谦谦君子之风，有助于人们自我约束力的培养，促进社会使命感和责任心的形成，维护社会的和谐与安定。

——旗帜鲜明的价值导向。网络文化的导向性是指网络文化对网络文化受众的思想品德发展和社会文明建设起着引导方向的作用，从而构筑起一道坚固的网络精神文明防线。在网络文化发展过程中，我们坚持用马克思主义理论、共产主义理想、中国特色社会主义信念和集体主义价值观教育网民，引导网络文化受众，坚持网络文化影响方向的正面性。中国建设和管理网络文化的一个重要目的在于，把多种多样的文化资源和思想火花，用先进的社会规范组织起来，组成社会交响乐，奏出和谐的动人乐章。毫无疑问，这场交响乐的主旋律只能是具有社会主义性质的先进文化。

——和谐多样的百花齐放。中国建设社会主义和谐文化的目标，是"应"改革开放以来出现的文化多样性之"运"而生的，是为了开发多样化文化的功能，把各种文化的力量集中到建设有中国特色社会主义实践的轨道上来而提出来的。和谐文化强调各种健康思想文化相互借鉴、相得益彰，主张在坚持核心价值体系的基础上，尊重文化的多样性，推动不同文化相互学习、取长补短，实现弘扬主旋律与提倡多样化的有机统一。网络空间最大限度地提供了建设和谐文化所需要的海纳百川的胸襟和气势，有利于形成百花齐放、百家争鸣的生动局面，使民族文化与外来文化、传统文化与现代文化、高雅文化与通俗文化在交流比较中互动融合、相互促进，使各种文化形式、文化门类、文化形态各展所长、共同发展。

中国的中华传统文化和社会主义先进文化应当利用网络文化这柄双刃剑，在与各民族文化尤其是西方文化的交融、碰撞中，不断增强自身的统一性和共通性，同时积极弘扬中华传统文化，占领一块与中国的历史、文化、人口、语言、政治、经济地位相适应的世界网络文化阵地，增强民族自尊心、自信心，维护民族尊严，宣传民族的、科学的、大众的社会主义新文化，使有着顽强生命力的中华传统文化随时代的发展而发展，以适应文化领域内的生存竞争规律。为此，我们要用现代信息技术把中华民族的文化精华和当代文化教育、经济建设和科学研究成就等全面展示出来，拓展中国网络信息的辐射空间，扩大中国先进文化在全世界的影响，为人类的文明进步和发展做出应有的贡献。[1]

（三）以技术实力维护虚拟世界中的中国文化主权

网络空间这个数字化的世界是一片崭新的疆土。难以控制的信息跨国流动，包含了深刻的意识形态意义和人文特征，为强势文化的全球传播和建立文化霸权提供了手段。西方国家借助信息技术手段，将其文化从信息中心渗透到相对不发达的国家和原来的封闭地区，并通过创造一种所谓的全球文化经验，将西方的文化价值观和意识形态强加给其他国家，削弱单个民族国家的文化凝聚力。美国战略家塞默·马丁·利波塞特曾指出："在 21 世纪来临之初，美国发现自己处于全球唯我独尊的地位。这与其说是运用权力的成功，不如说是理念和价值观念的胜利。"[2]美国微软公司的缔造者比尔·盖茨也曾一语道破天机："信息高速公路将打破国界，并可能推动一种世界文化的发展，或至少推动一种文化活

---

① 刘瑛，张方方："中国互联网管理目标的设定与实现"，载于《新闻与传播研究》，2009 年第 4 期。

② 转引自杨雄，毛翔宇：《网络时代行为与社会管理》，上海社会科学院出版社 2007 年版，第 22 页。

动、文化价值观的共享。"① 基蒙·瓦拉卡基斯曾指出"文化渗透"的后果："一种新的国际信息秩序可能出现，国际之间的权力关系很可能会受到工业上的优越条件、穿越国界的信息交流、文化主权的丧失诸因素的重大影响。"②

网络的核心技术和应用技术烙有研发者的文化观念和文化样式烙印，谁的技术领先，谁就有可能创造自己的文化形态，引领文化风尚。目前，网络媒体的关键技术主要掌握在美国等西方国家手中，中国技术措施相对滞后，信息安全、技术安全等都存在较大隐患。因此，网络文化软实力必须有坚实的网络技术硬基础来支撑，我们的网络文化发展必须建立在自己掌控的技术平台之上。

——扩大网络资源管理的自主权，争取改进 ICANN 的管理权限。1998 年以前，互联网是由南加利福尼亚大计算机科学教授 J·波斯特尔一人管理的，他为资助互联网最初发展的国防部高级研究计划局管理互联网达 30 年之久。1998 年 10 月，根据美国加利福尼亚州法律成立了非营利性的"互联网域名与地址管理机构"（ICANN），ICANN 所管理的资源都是互联网运行所必需的基本资源：DNS、IP 地址、TCP/IP 协议和根服务器，尤其是 13 台根服务器，记录着全球 IP 地址和域名的对应关系，对于互联网的稳定运行至关重要。这 13 台根服务器中有 10 台在美国，其余 3 台分别在阿姆斯特丹、斯德哥尔摩和东京。可以说，ICANN 掌控着一个国家或地区能否在互联网上存在的生杀大权。ICANN尽管名义上是一个非政府组织，但我们从它的日常运作以及一系列基本法律文件中可以发现，ICANN 与美国政府的关系非同寻常。2006 年 8月 14 日，美国政府与 ICANN 签订了一个新的合同，授权 ICANN 在未来5 年里继续行使互联网管理权。从合同的主要内容可以看出，ICANN 负有向美国政府报告日常运行情况特别是与安全有关情况的义务。该合同

---

① 转引自张新华：《信息安全：威胁与战略》，上海人民出版社 2003 年版，第 427 页。
② 严耕，陆俊等：《网络伦理》，北京出版社 1998 年版，第 99 页。

还拟定了相关条款，限制 ICANN 的权力，使其对国际互联网管理中心的核心要素——根服务器没有最终决定权，将最重要的权力保留给美国政府。鉴于国际上对互联网的管理现状，中国一方面要在国际社会上大力倡导国家对互联网拥有主权，应该将互联网管理归属于国际社会，另一方面，ICANN 即便继续存在下去，其权力也应该受到钳制，中国要争取多参与到 ICANN 的政策制定过程中，并在重大问题上及时申明中国的立场。

——倡导使用国家顶级域名，维护中国在国际互联网上的安全。顶级域名分为两类：一类是像 .cn、.us 和 .de 等国家与地区顶级域名，一共有 245 个，分别代表全球 245 个国家和地区；目前基本上国家与地区顶级域名都由本国自己管理（少数国家除外，比如伊拉克等）。另一类是像 .com（以商业用户为主）、net（以互联网企业为主）的通用顶级域名，一共有十几个，所有这些顶级域名的最终解析都来自 13 台根服务器，而这 13 台根服务器均借 ICANN 之手由美国掌控。因此，全球任何以国外管理的顶级域名为后缀的网络安全就掌握在美国手中，美国很容易利用使用国外顶级域名的网站，例如，美国可以对其感兴趣的某个国家的政治、经济和科学技术等类网站进行流量访问统计，并从中得到相应的情报分析，从而大致掌握该国的热门网站分布情况，以及网民的访问喜好等。中国在顶级域名使用这一方面的问题应该引起注意，国内很多商业网站甚至政府网站都采用的是国外管理的顶级域名。所有在 .com 和 .net 等顶级域名下注册的网站都处在国外的监控之下，但所有以 .cn 为顶级域名注册的网站就处在中国的监控和保护之内。近年来中国政府逐渐注意到顶级域名的问题，作为中国互联网管理机构的 CNNIC 也在为 .cn 的推广作努力，比如下调中国顶级域名的注册费用，为使用 .cn 域名的重要单位提供特殊的安全等；2007 年，中国国家域名 .cn 的注册管理机构启动"国家域名腾飞计划"，这些努力也取得了初步成效。为保证中国各网站在互联网的安全，倡导使用 .cn 域名的管理工作仍应继续推广。

　　——密切跟踪网络技术前沿动向。加强对网络防病毒技术、防火墙技术、防攻击入侵检测技术、远程监控技术、防网络游戏成瘾技术、智能搜索、舆情监控及预警技术的研究与开发，形成独立知识产权的核心技术优势，凭借技术优势掌握主动权，有效封堵和杜绝不良信息，遏制网络文化产生的消极作用。在针对外来信息的入侵上，针对网上中文信息偏少的情况，需要开发适于中文信息处理的软件，简化网上中文信息加载、修改和刷新程序，提高中文网络信息加工、处理效率，打破西方文化特别是英语文化在网络世界的垄断格局。

参考文献

1. 《马克思恩格斯选集》，第一卷，人民出版社 1995 年版。

2. 《毛泽东选集》，第二卷，人民出版社 1991 年版。

3. 胡锦涛：《以创新的精神加强网络文化建设和管理，满足人民群众日益增长的精神文化需要》，发表于《光明日报》，2007 年 01 月 25 日。

4. 韩毓海：《500 年来谁著史》，九州出版社 2009 年版。

5. 郎咸平：《郎咸平说全集》，东方出版社 2009 年版。

6. 金民卿：《文化全球化与中国大众文化》，人民出版社 2004 年版。

7. 王明轩：《即将消亡的电视——网络化与互动视频时代的到来》，中国传媒大学出版社 2009 年版。

8. 胡泳：《另类空间—网络胡话之一》，海军出版社 1999 年版。

9. 辛灿主编：《西方政界人物谈和平演变》，新华出版社 1989 年版。

10. 贺善侃：《网络时代：社会发展的新纪元》，上海辞书出版社 2004 年版。

11. 李钢，王旭辉：《网络文化》，人民邮电出版社 2005 年版。

12. 郭玉锦，王欢：《网络社会学》，中国人民大学出版社 2005 年版。

13. 孟建，祁林：《网络文化论纲》，新华出版社 2002 年版。

14. 杨雄主编，毛翔宇副主编：《网络时代行为与社会管理》，上海社会科学院出版社 2007 年版。

15. 朱银端：《网络道德教育》，社会科学文献出版社 2007 年版。

16. 苏振芳主编：《网络文化研究——互联网与青年社会化》，社会科学文献出版社 2007 年版。

17. ［法］阿芒·马特拉：《世界传播与文化霸权——思想与战略的历史》，陈卫星译，中央编译出版社 2005 年版。

18. ［英］弗朗西斯·斯托纳·桑德斯：《文化冷战与中央情报局》，曹达鹏译，国际文化出版社 2002 年版。

19. ［英］约翰·诺顿著：《互联网：从神话到现实》，朱萍等译，江苏人民出版社 2001 年版。

20. ［澳］彼得·科尔曼：《自由派的阴谋——文化自由同盟与战后欧洲人心的争夺》，黄家宁、季宏、许天舒译，东方出版社 1993 年版。

21. ［加］文森特·莫斯可：《数字化崇拜——迷思、权力和赛博空间》，黄典林译，北京大学出版社 2010 年版。

22. ［加］娜奥米·克莱恩：《休克主义——灾难资本主义的兴起》，吴国卿、王柏红译，广西师范大学出版社 2010 年版。

23. 李希光，［美］刘康等：《妖魔化中国的背后》，中国社会科学出版社 1996 年版。

24. ［美］约翰·希利·布朗等著：《信息的社会层面》，王铁生等译，商务印书馆 2003 年版。

25. ［美］约瑟夫·奈：《硬权力与软权力》，北京大学出版社 2005 年版。

26. ［美］曼纽尔·卡斯特：《网络社会的崛起》，社会科学文献出版社 2003 年版。

27. ［美］杜勒斯：《杜勒斯言论选辑》，世界知识出版社 1960

年版。

28. ［美］尼克松：《1999 年，不战而胜》，王观声等译，世界知识出版社 1989 年版。

29. ［美］兹比格纽·布热津斯基：《大棋局：美国的首要地位及其地缘战略》，中国国际问题研究所译，上海世纪出版集团 2007 年版。

30. ［美］威廉·恩道尔：《霸权背后——美国全方位主导战略》，吕德宏等译，世界产权出版社 2009 年版。

31. ［美］威廉·恩道尔：《金融海啸——一场新鸦片战争》，顾秀林、陈建明译，知识产权出版社 2009 年版。

32. ［美］安德鲁·巴塞维奇：《美国新军国主义》，葛腾飞译，华东师范大学出版社 2008 年版。

33. ［美］易劳逸：《流产的革命——1927－1937 年国民党统治下的政府》，陈谦平等译，中国青年出版社 1992 年版。

34. ［美］赫伯特·席勒：《大众传媒与美利坚帝国》，刘晓红译，上海世纪出版集团 2006 年版。

35. ［美］安德鲁·基恩：《网民的狂欢——关于互联网弊端的反思》，丁德良译，南海出版社 2010 年版。

36. 严久步："国外互联网管理的近期发展"，载于《国外社会科学》，2001 年第 3 期。

37. 钟瑛："中国互联网管理模式及其特征"，载于《南京邮电大学学报》（社会科学版），2006 年第 2 期。

38. 张新华："网络悖论与国家安全"，载于《毛泽东邓小平理论研究》，2005 年第 6 期。

39. 尹韵公："从'互联网站'到'网络文化'——党的十七大报告的网络学解读"，载于《新闻与传播研究》，2007 年第 4 期。

40. 郭明飞："国外对因特网管制的做法及其启示"，载于《政治学研究》，2008 年第 4 期。

41. 康彦荣："欧盟互联网内容管制的经验及对中国的启示"，载于《世界电信》，2007 年第 4 期。

42. 王存奎："关于互联网时代国家文化安全的思考"，载于《国际关系学院学报》，2007 年第 4 期。

43. 孟威："网络文化与传统文化的互动共生"，载于《中国社会科学院院报》，2007 年 11 月 30 日。

44. 牛晋芳，孔德宏："必须重视网络时代中国意识形态的安全问题"，载于《理论探索》，2003 年第 1 期。

45. 邓建国："全球之声网站挑战中国对外传播"，载于《对外传播》，2009 年第 2 期。

46. 赵海建："美国巩固网络霸权"，载于《环球视野》，2010 年 3 月第 285 期。

47. 刘笑盈："国际电视的开创者——美国有线新闻网"，载于《对外传播》，2009 年第 7 期。

48. 王琛元："网络自由：美国国家战略新时代"，2010 年 4 月 7 日，凤凰网。

49. 党国英："立足民族特色，拥抱普世价值"，载于《南方周末》，2007 年 10 月 25 日。

50. 刘国光："对经济学教学和研究中的一些看法"，载于《高校理论战线》，2005 年第 9 期。

51. 黄发有："从宁馨儿到混世魔王——华语网络文学的发展轨迹"，载于《当代作家评论》，2010 年第 3 期。

52. 钱秀吟："博客——大众文化时代泛文学化写作"，载于《文艺评论》，2007 年第 6 期。

53. 孔庆东："博客：当代文学的新文体"，载于《文艺争鸣》，2007 年第 4 期。

54. 杜凤娇："孙立群、袁腾飞谈历史"，载于《人民论坛》，2010

年第 1 期。

55. 左伟清："艳照门——透视下的时代病灶"，载于《中国青年研究》，2009 年第 1 期。

56. 郭初、谢良："网络新闻评论疏导探究——兼及新华网网络评论发展对策"，载于《新闻战线》，2005 年第 7 期。

57. 予舒："毛泽东与'和平演变'"，载于《党史纵横》，2004 年第 11 期。